Summer Time
遇見日的晴朗手作時光

　　晴朗的夏日到來，從厚實的雲層裡透出曙光，一切充滿著希望，敞開心胸迎接光明的開始。用輕鬆愉快的心情玩手作，不需給自己太大壓力，而是讓它成為抒解壓力的窗口，逐漸培養出興趣後，再往專業的路去追尋，創造出滿意的作品，分享給親朋好友和手作同好們，一起營造出和樂融融的氛圍吧！

　　本期收納特輯「多功能兩用袋中袋」，讓隔層多的袋中袋不再只能放在包內收納物品使用，在包以外的地方也能兼具美觀和實用性。此次邀請擅長包袋創作的專家，發想出多功能袋中袋的款式。內容包含可掛嬰兒車或椅背當置物袋使用，也可側背當外包使用的日落的富士山多變包袋、運用翻折手法就能將內袋變成外袋，完全改變樣貌的奇幻之旅變化包、還有任何托特包都適用的袋中袋，外包製作也有教學的簡約大方兩用水餃包，每款都讓你耳目一新。

　　服飾專題「夏日休閒下著」，夏天必備的服飾單品非短褲不可，不論是男用或女用都一併收錄，手作更具獨特性，每款都可以製作出不同風格做替換。內容有運用不同質料和布樣就能呈現不同特色的質感打褶短褲裙、穿上能充滿朝氣的活力條紋鬆緊帶短裙，內裡設計成褲子，活動更方便自如、還有百搭又有型的英倫風男休閒短褲、質料輕薄，外觀口袋多的輕盈機能男短褲，每件都實穿又好搭配。

　　孩童特企「小學生通學布雜貨」，為孩子準備開學的新行頭吧！本次收錄台灣國寶魚造型的櫻花鉤吻鮭造型筆袋，吸睛又能引起話題，辨識度極高！夏日馬上聯想到的水果，清涼鳳梨三件組，有上學不可缺少的便當袋、水壺袋和餐具套組，一系列的鳳梨造型，小孩一定愛不釋手、還有美術課一定需要的小恐龍美術工具袋，可拆式的分隔小袋，不佔桌面空間。每款都是小學生會使用到的實用布雜貨。還有很多獨立單元，豐富你的手作視野，值得收藏細細品味！

感謝您的支持與愛護
Cotton Life 編輯部

Cotton Life

夏日手作系
2020 年 07 月
CONTENTS

生 活 單 元

04　防疫手作
　　《完美防疫收納包》
　　　蔡曼玲

07　春夏日刺繡
　　《柔美花草字母刺繡》
　　　J.W.Handy Workshop　王鳳儀

14　羊毛氈創作
　　《法式口袋小熊》
　　　包 · 手作羊毛氈　雷包

收 納 特 輯

多功能兩用袋中袋

24　日落的富士山多變包袋
　　　Fong 手作　陳冠如

30　奇幻之旅變化包
　　　依秝工作室　古依立

38　簡約大方兩用水餃包
　　　LuLu 彩繪拼布巴比倫　LuLu

服 飾 專 題

夏日休閒下著

46　質感打褶短褲裙
　　　微手作工作室　翁羚維

53　活力條紋鬆緊帶短裙
　　　飛翔手作有限公司　鍾嘉貞

58　英倫風男休閒短褲
　　　愛爾娜國際有限公司　Meny

64　輕盈機能男短褲
　　　小夢家 Hand made　何旻樺

孩 童 特 企

小學生通學布雜貨

70　櫻花鉤吻鮭造型筆袋
　　雪小板的手作空間　雪小板

74　清涼鳳梨三件組
　　水貝兒縫紉手作　蔡佩汝

80　小恐龍美術工具袋
　　布啾手作　布啾

熱 門 單 元

85　輕量波奇包
　　《絕美清新蛋形包》
　　鈕釦樹　Amy

90　《個性隨行外出包》
　　好好手作 × 花開日常　黃碧燕

好 評 連 載

95　進階打版教學（八）
　　《基本保齡球包款》
　　布同凡饗　凌婉芬

自薦專線

Cotton Life 長期徵求拼布老師、手作達人，竭誠歡迎各界高手來稿，將您經營的部落格或 FB，與我們一同分享，若有適合您的單元編輯就會來邀稿囉～

(02)2222-2260#31
cottonlife.service@gmail.com

國家圖書館出版品預行編目 (CIP) 資料

Cotton Life 玩布生活 . No.34：多功能兩用袋中袋 x 夏日休閒下著 x 小學生通學布雜貨 / Cotton Life 編輯部編 . -- 初版 . -- 新北市：飛天手作，2020.07
　面；　公分 . -- (玩布生活；34)
ISBN 978-986-96654-9-0(平裝)

1. 手工藝

426.7　　　　　　　　　　109009053

Cotton Life 玩布生活 No.34

編　者　Cotton Life 編輯部
總 編 輯　彭文富
主　編　潘人鳳
美術設計　柚子貓、曾瓊慧、林巧佳
攝　影　詹建華、蕭維剛
模 特 兒　Jason、Yen
紙型繪圖　菩薩蠻數位文化

出 版 者／飛天手作興業有限公司
地　址／新北市中和區中正路 872 號 6 樓之 2
電　話／(02)2222-2260．傳真／(02)2222-1270
廣告專線／(02)22227270．分機 12 邱小姐
Facebook／http://www.facebook.com/cottonlife.club
讀者服務 E-mail／cottonlife.service@gmail.com
■劃撥帳號／50381548
■戶　名／飛天手作興業有限公司
■總經銷／時報文化出版企業股份有限公司
■倉　庫／桃園市龜山區萬壽路二段 351 號

初版／2020 年 07 月
本書如有缺頁、破損、裝訂錯誤，請寄回本公司更換
ISBN／978-986-96654-9-0
定價／320 元
PRINTED IN TAIWAN

封面攝影／蕭維剛
作品／鈕釦樹

完美防疫收納包

隨時準備好防疫用品，流感病毒遠離你！製作方便好拿取的防疫包，不論是口罩、酒精、衛生紙、洗手液或是濕紙巾等，一個不缺的都放進收納包裡，外出帶上好安心，給你完美的防護。

製作示範／蔡曼玲　編輯／Forig　成品攝影／蕭維剛
完成尺寸／寬20cm×高15cm×底寬5cm
難易度／⊕⊕⊕

⊕ 防疫手作

Materials 紙型 Ⓐ 面

用布量：表布25×30cm、25×50cm、裡布60×55cm。

裁布：

袋身	22.5×18.5cm（有紙型）	表裡各2
前片口袋（上）	22.5×8.5cm（有紙型）	表裡各1
前片口袋（下）	22.5×12cm（有紙型）	表裡各1
後片口袋	22.5×15cm	表裡各1
裡袋身口袋	22.5×30cm	裡1

其他配件：四合扣×2組、20cm拉鍊×1條。

※除特別說明外，其餘皆已含0.7cm縫份。

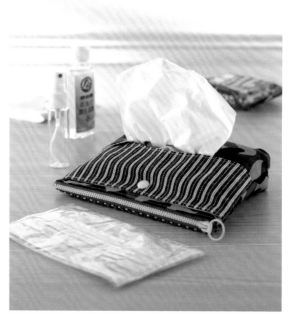

Profile

蔡曼玲

教學理念：

基於推廣拼布藝術文化，會以十分的細心及耐心從基礎拼布入門教學，教學內容可從簡易快速的作品開始，讓學員充分擁有成就感、用快樂的心情學習，再循序漸進地教導學員不同難度的拼布課程。

教學經歷：

2007年～2016年 艾曼莉拼布雜貨工坊 專任指導老師
2009年 樹林市婦女發展協會 生活拼布指導老師
證照：日本パッチワーク通信社講師證照
著作：創意手作館 BOOKU PLAY 書系列（2010～2012年）

How To Make

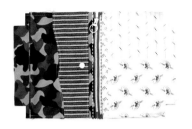

9 將表裡袋身夾車拉鍊一側，在表袋身正面車縫2mm臨邊線，另一側相同作法。

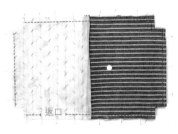

10 表裡袋身各自正面相對，中間拉鍊縫份倒向表袋身，除缺角及裡袋身一側邊留返口不車，其餘車縫。

11 將缺角拉平，車縫缺口處，表裡袋身共4邊底角。

12 從返口翻回正面，並將返口縫合好即完成。

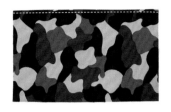

5 後片口袋表裡布正面相對車縫上端處，並翻回正面車縫2mm臨邊線。

6 口袋下端對齊在後袋身，三邊疏縫固定。

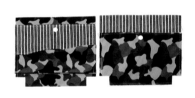

7 將四合扣安裝好，依版型畫好底角並修剪。

⊕ 製作裡袋身與組合

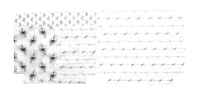

8 裡袋身口袋正面相對車縫上端處，翻回正面車縫2mm臨邊線，並固定在裡袋身，修剪好底角。
※可依個人需求製作內口袋。

⊕ 製作表袋身

1 口袋上下片的表裡布各自正面相對，將上下邊車縫，弧度部分剪牙口。

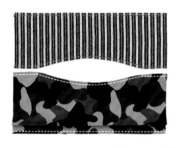

2 翻回正面，依圖車縫2mm臨邊線，口袋下片依記號燙折。

3 將完成的面紙口袋依袋身紙型記號擺放好，固定在前袋身。

4 下端處車縫2mm臨邊線，左右兩側疏縫。

柔美
花草字母
刺繡

用不同字體的英文字母來設計圖案，加上花
草刺繡，簡單的技法和色彩搭配，創作出色
調柔和好看的刺繡圖樣，可繡在衣服做裝飾
點綴，也可運用在日常的雜貨中，將生活環
境佈置的美侖美奐，待在這樣的空間裡心情
都開朗起來。

製作示範／王鳳儀
編輯／Forig　成品攝影／詹建華
完成尺寸／杯墊：長 11cm × 寬 11cm
　　　　　磁鐵刺繡：長 7cm × 寬 7cm
難易度／❀❀❀

王鳳儀

本身從事貿易工作,利用閒暇時間學習拼布
手作,2011 年取得日本手藝普及協會手縫
講師資格。並於 2014 年取得日本手藝普及
協會機縫講師資格。
拼布手作對我而言是一種心靈的饗宴,將各
種形式顏色的布塊,拼接出一件件獨一無二
的作品,這種滿足與喜悅的感覺,只有置身
其中才能體會。享受著輕柔悅耳的音樂在空
氣中流轉,這一刻完全屬於自己的寧靜,是
一種幸福的滋味。

J.W.Handy Workshop
J.W.Handy Workshop 是我的小小舞台,在
這裡有我一路走來的點點滴滴。
部落格 http://juliew168.pixnet.net/blog
粉絲專頁搜尋 J.W Handy Workshop

Materials ／紙型 A 面

杯墊材料:
13×13cm 麻布 ×2 片、刺繡線
(黃、綠、紫 3 色)、刺繡針＃7、
水溶性複寫紙、描圖紙、透明
OPP 袋。

磁鐵相框

磁鐵材料:
9×9cm 麻 布 ×1 片、刺 繡 線
(黃、綠、紫 3 色)、刺繡針＃7、
水溶性複寫紙、描圖紙、透明
OPP 袋、磁鐵相框。

圖樣轉印:

1 用描圖紙描好圖案。

2 下方墊透明 OPP 袋→水溶性
複寫紙→麻布,將圖案轉印
至麻布上。

※ 墊透明 OPP 袋的用
意:鐵筆描繪時不會
畫破水溶性複寫紙。

3 刺繡圖複寫在麻布上的樣子。

How to Make
示範圖所使用的刺繡技法

【 鎖針繡 】

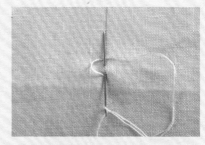

01　正面出針後，再用針由起點往外穿出一個間距，線繞到針的後方。

02　將線拉出後，呈現出線圈的樣子。

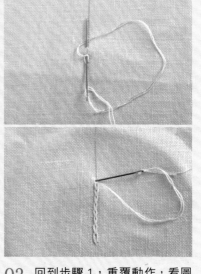

03　回到步驟1，重覆動作，看圖案所需長度完成。

03　呈現出線段重疊半段的樣子。

04　完成所需長度後，收線方式同鎖針繡。

【 法國結粒繡 】

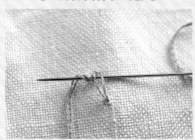

01　出針後將線繞針2圈。

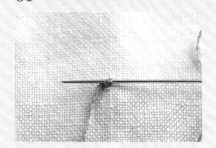

02　將繞線收緊。

03　在靠近出針的位置下針。

04　收線方式：翻到背面，將線繞著線段穿入，收尾處打結。

05　同作法收好入針線段。

【 輪廓繡 】

01　正面出針後，再用針由外往起點間距一半的地方穿出。

02　將線拉出後，重覆步驟1動作。

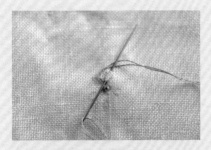

02 再從靠近出針的位置下針至頂端出針，線繞到針的後方。

04 拉出線後穿回尾端。

04 線往下拉（不需拉太緊），背面收尾打結完成。

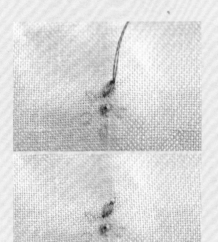

03 將線拉出後在頂端上方處下針。

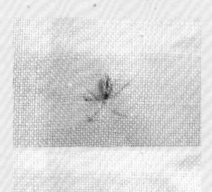

結粒繡

05 同作法繡完其它短線段。花心為法國結粒繡。

【 平面結粒繡 】

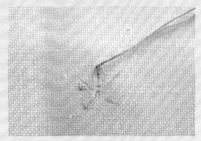

01 運用在花上，先畫出花瓣的 5 條短線段，在頂端出針。

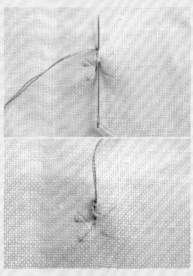

02 將針從尾端往左上方穿出，拉出線。

04 同作法繡完其它小花瓣。

【 雛菊繡 】

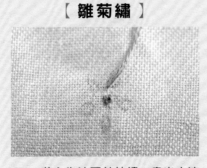

01 花心為法國結粒繡。畫出水滴形小花瓣，靠近花心那端的中心出針。

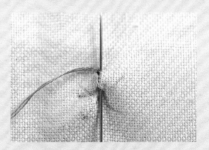

03 再從尾端往右上方穿出。

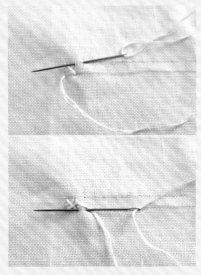

04 線拉出後，重覆步驟 2~3。

05 收尾時穿入中間下針。

06 翻到背面呈現的樣子，打結即完成。

【 捲線繡 】

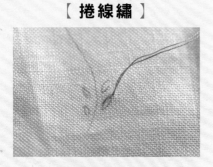

01 畫出細長橢圓形，頂端出針。

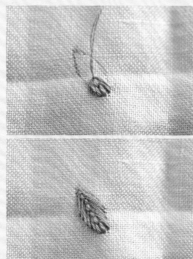

06 重覆步驟 2~5 至葉子頂端，最後下針收線即完成。

【 陰影繡 】

01 在 2 條線寬度的中間出針。

02 從 1 條線的外往起頭處穿針。

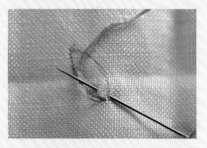

03 針拉出後往另 1 條線等寬的間距同步驟 2 穿針。

【 葉形繡 】

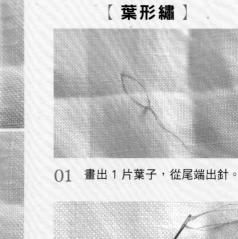

01 畫出 1 片葉子，從尾端出針。

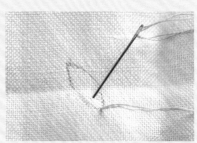

02 往上方中心一小段入針。

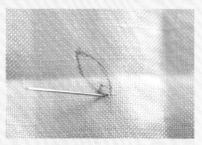

03 將線拉出，從出針旁左邊穿出。

04 針拉出後，往出針旁右邊穿入，中心線段的頂端旁穿出，線繞到針的後方。

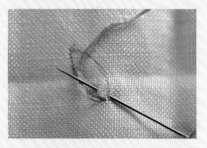

05 將線拉出呈現的樣子。

【 L 的刺繡針法 】

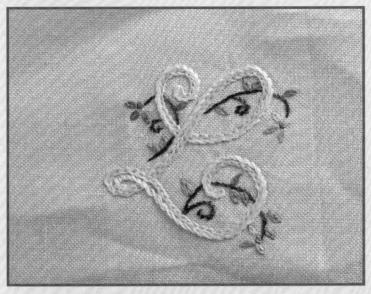

字母：黃色繡線 2 股，鎖針繡、輪廓繡
小花：紫色繡線 2 股，雛菊繡
花心：綠色繡線 2 股，法國結粒繡
葉子：綠色繡線 2 股，雛菊繡
莖：綠色繡線 1 股，輪廓繡

【 O 的刺繡針法 】

字母：黃色繡線 2 股，陰影繡、輪廓繡
小花：紫色繡線 2 股，平面結粒繡
花心：紫色繡線 2 股，法國結粒繡
葉子：綠色繡線 2 股，雛菊繡
莖：綠色繡線 1 股，輪廓繡

【 花圈的刺繡針法 】

花苞：紫色繡線 2 股，捲針繡
葉子：綠色繡線 2 股，葉形繡
莖：綠色繡線 1 股，輪廓繡

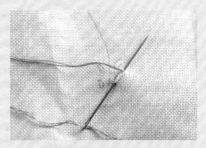

02 再將針從尾端穿至頂端出針。

03 取線繞針 8 圈。

04 大拇指壓住所有線圈拉線。

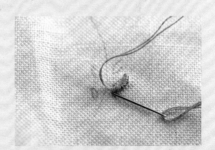

05 將針靠近尾端處下針。

06 完成所需的捲針繡，背面打結
即完成。

【 V、E 的刺繡針法 】

字母：黃色繡線 2 股，鎖針繡、輪廓繡
小花：紫色繡線 2 股，雛菊繡
花心：綠色繡線 2 股，法國結粒繡
葉子：綠色繡線 2 股，雛菊繡
莖：綠色繡線 1 股，輪廓繡

【 製作杯墊 】

01 完成刺繡圖案後，將轉印的圖案洗掉。裁成需要的圖形，四周留縫份。

返口

02 取另一片沒刺繡的麻布，裁剪成一樣的裁片。正面相對車縫，一邊留返口。

03 翻回正面，返口縫份內折好，正面壓線一圈即完成。

【 製作磁鐵相框 】

2cm
2cm

01 將刺繡好的圖案，裁成比相框木板大約 2cm 的布片，將木板放置在布片上方。

02 將布片兩邊縫緊固定。

03 另兩邊也一樣折好縫緊固定。

04 縫好正面呈現的樣子。

05 將木板與相框組合，磁鐵片黏合封口。

06 完成。

法式口袋小熊

可愛的麵包小熊兄妹開店囉～快來一根香噴噴的法國麵包吧！運用羊毛氈混色的技法，創作出層次感，一針一針細緻的勾勒出形狀。過程中療癒又能使心靈平靜，完成後有滿滿的成就感。

製作示範／包·手作羊毛氈　編輯／Forig
成品攝影／詹建華
完成尺寸／小熊：高10cm×最寬6cm
難易度／🐻🐻🐻🐻🐻

14

Materials

備料：各式羊毛條（Bao 12深咖、Bao 001基底麵糰毛 Bao 11淺咖、Bao 10紅棕、Bao 09黃棕色、Bao 06橙黃、 Bao 04奶油黃、Bao 38櫻花粉、Bao 035草莓紅）

其他配件：有口袋的帆布包、羊毛氈專用墊、羊毛氈戳針、白膠、小鑷子、黑芝麻。

教學經驗與年資

曾任救國團台北忠孝院區，教授課程(半年)
包手作羊毛氈工作室，教授課程(2016年~迄今)
曾受邀中原大學藝術季教學推廣
桃園土地公文化館羊毛氈講師 (2017年2月~迄今)
中國文化大學推廣部羊毛氈講師 (2016年 ~迄今)
曾受邀美國『惠而普HP台灣分公司』課座講師
曾受邀『遠雄企業博物館』課座講師
曾任救國團忠孝院區羊毛氈講師
曾任中國文化大學推廣部羊毛氈講師
曾受邀『桃園扶輪社』社團活動講師
曾受邀桃園『開南大學』社團活動講師
曾受邀『友達電機』社團活動講師
受邀「中國科技大學國際商務系的系友會」交流活動專題分享「如何成為羊毛氈界吳寶春」
受邀高雄餐旅附中『社團進修課程』。
受邀林口長庚大學『社團進修課程』
2019年10月28日受邀銘傳大學『社團進修課程』

得獎紀錄

·2016年獲選桃園文化局基金會藝術家駐村甄選評比第二名及獎狀乙枚
·2017年入選第六屆誠品EXPO肖年頭家，入獲第六屆誠品肖年頭家之星
·2018年10月桃園經發局主辦『桃園金牌好禮』，並『獲桃園區網路人氣王』旗幟一枚
·2018年10月參與誠品生活，主辦『百萬入櫃』選拔賽，從百家商家中，入圍初選並進入決選
·2018年10月20日受頒桃園社會局桃姐妹協會，受頒「輔導弱勢單親救業輔導」獎狀乙枚。
·2019年4月於台灣文博會獲頒文化部『文創精品獎』
·2019年5月入圍勞動部勞動力發展署DIY體驗課程設計
·2018年8月入圍第二屆『纖維創作獎』決賽

Profile

雷曉臻（雷包）
自創品牌『包·手作羊毛氈』擔任設計執行／講師
2016~2019年間有8項獲獎記錄，10項展覽記錄，
以及跑遍各區的教學經驗，受邀25家媒體公關專訪與報導。
108年出版『包·手作羊毛氈的復刻食光』

FB粉絲專頁：包·手作羊毛氈
官方網站搜尋：包·手作羊毛氈

9 戳針垂直戳動（1cm深度）平面氈化至布面，可將多餘毛料往頭部毛料一起做結合，讓頭部與身體黏合度更加紮實。

10 斜針（約45度）氈黏至布面順修側邊的毛邊線條。

11 大約製作好身體的部底氈化黏合，形狀不用過多拘泥，只需完成大概身體底部的厚度，之後衣服會再蓋上來。

🐻 製作小熊頭表面

12 開始準備調製頭部的表面顏色（毛條色系為：Bao 09黃棕色、Bao 06橙黃、Bao 04奶油黃、Bao 10紅棕、Bao 11淺咖）；分別將上述毛色，分為2組色系（淺色與深色）進行混色。

5 直至羊毛條大部份表面氈黏至布面，同時間要戳針順修毛料，將其外框的修整為無雜毛狀態。

6 將外框以戳針斜針（小於45度的）方式輕輕將多餘毛料部份往橢圓型內部收整（戳入布面層）。

7 直至呈現氈化度較完整且周圍線條乾淨的橢圓型狀（可輕度測試抽拉毛條是否會鬆脫布面）。

🐻 製作小熊身體底層

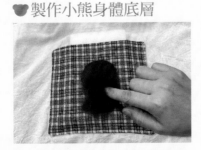

8 再使用適量深咖啡色毛條（約1g），長水滴形狀約2cm做身體底部。

🐻 製作小熊頭底層

1 先將口袋置入適合大小的（羊毛氈）專用工作墊。

2 若口袋有二層布也可將中內裡布剪開，將工作墊放置中間層（製作完成後，比較無毛料穿透的痕跡），若無內底布可直接墊入口袋內即可。

3 首先將深咖色毛條（約2.5g）逆時鐘轉成6cm寬 橢圓型，製作熊的頭部底層。

4 使用羊毛氈戳針垂直戳入（約1cm深度）口袋布層，進行平面氈化動作（方便將羊毛條黏著至布面上），此時羊毛條會隨著氈化時間越久，氈化至布面越緊實。

21 反覆氈化後，氈化度會較高的
呈現。此時羊毛條會黏至工作
墊上方，可手指靠近將其毛片
輕輕拉起。

17 將較淺色系舖至熊頭底座的
邊緣處（圍繞外圈橢圓型外
部）以便量測臉部所需要的毛
量。

13 首先進行淺色系組混色。※混
色訣：大姆指與食指放鬆，兩頭
距離約3-5cm，將兩色交叉不同
方向進行抽拉毛色的交疊。

22 隨之取熨斗將其正面燙平整
（溫度可調至中高溫）。

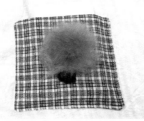

18 再依序將圖說16羊毛色系組
由淺至深，由外而內進行平面
舖毛條（用意可知道需做多大
的熊臉面積範圍）。

14 淺色混色直至左上角顏色狀態
（呈現均勻毛條），接續將深色
系（3色）進行重複混色動作，直
至均勻色系。

23 將熊的臉表面，放至熊的臉部
主體，中間深色區可移至中間
處，手稍微包覆上下左右，檢
查看看表面是否包覆。

19 將剛才舖至熊頭面的羊毛條
平移至羊毛氈專用工作墊，進
行平面氈化。

15 將兩色系（淺、深系組）再進行
混出中間漸層色。

24 檢查完成大小，即可將熊表面
氈化至臉部的底層（從上方側
邊開始約呈現30度）刺入。

20 在工作墊上，再進行平面氈
化。※平面氈化訣：從上至
下；右至左密集度垂直下針
（約1cm）進行平面氈化，反
覆進行2-3次即可。

16 將3色混色以上三個色系（共
1g）拿取適當毛量即可。※如
淺色和漸層色色澤差距較大，
可拉適量毛量再度均勻混色一
次。

33 慢慢將毛料戳入布邊，同時輕戳塑型維持想呈現的耳朵上緣半圓型狀。

29 完成平面氈化後，一樣依前步驟使用熨斗整燙。

25 將羊毛條沿著橢圓型邊線戳入，將原來底座完整包覆表面。

34 另外一隻耳朵同作法，將兩耳位置及大小比對，呈現對襯相對位置即可。

30 整燙後，輕輕兩指頭拉一片約2×2cm大小不規則型，將拉斷的小毛片，摺出約適合大小的圓圓三角型。

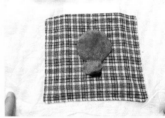

26 下方多餘的熊表面可直接覆蓋身體的底部，只需把臉頰兩邊上方橢圓型的邊線戳至布面底部，達到包覆熊頭再次氈化的效果。

● 製作小熊鼻子

35 將做耳朵配件剩下的毛片，再拉一片（取適量大小）做為鼻子的橢圓底座（直徑1.8cm），擺放位置約為熊臉中心偏下方位置。

31 摺好後，先放至熊臉45度斜上方比對要放的位置，第一針先斜戳（約為30度）將耳朵毛片內邊和布面先做結合。

● 製作小熊耳朵

27 接著製作約直徑1.5cm各2只熊耳朵（毛克總數約0.3g），將所需毛條（Bao 12深咖啡、Bao 11淺咖啡）進行混色。

36 找到合適位置，從上方垂直針輕戳表面（約5mm），戳入熊臉處。

32 耳朵內部戳入之後，可再從耳朵上方戳入幾次使布面多方結合。

28 如上述（圖20-22）進行平面氈化，氈化片狀約為5×5cm大小的不規則片狀。※主要是做耳朵的配件使用，耳朵做小做大均可自由調整毛料克數及毛片狀的大小。

🐻製作衣服

44 整燙完畢,拉取適合大小(比對身體四周多2cm大小毛片狀),以便有多餘空間做毛衣的波紋起伏層次。首先從衣領開始戳入,將毛片上方往內摺,沿內側脖子將毛片戳入身體做為衣物衣領接合處。

37 輕戳修飾鼻子圓弧立體狀邊緣側邊。

45 接合上方衣領後,開始製作毛衣的皺摺波紋(兩指推壓一摺),在摺縫處戳入小熊身體做氈合,重覆推、摺波紋此動作,從左至右依序完成整件毛衣的波紋。

41 準備適當羊毛條約共1g(Bao38櫻花粉約0.1g、Bao035草莓紅0.7g及淺灰色0.2g),三色比可依個人喜好,進行混色。

38 需同步進行下針輕戳(5mm)橢圓上方表面,直至上邊毛片氈化(呈現微微硬度)。

46 完成毛衣波紋後,拿取剩餘毛片(不夠的毛片,可依前述作法重製毛片),抓取適當大小(約為2×3cm毛片)製作袖子。

42 如上述(圖20-22)進行平面氈化,氈化片狀約為5×5cm大小的不規則片狀,做為後續衣物毛片狀使用。

39 側邊線條可轉向繼續輕戳塑型,直到整體呈現完整的小橢圓形狀。

47 袖子以腋窩處為結合(下針1cm),袖子處保留起伏空間,做為小熊手的轉彎處先不做固定。

43 平面氈化拉起毛片後,取熨斗將其正面燙平整(溫度可調至中高溫)。

40 完成氈化小熊鼻子的橢圓型狀,接著開始製作衣服。

55 平面氈化拉起毛片後，取熨斗將其正面燙平整（溫度可調至中高溫）。

56 將燙好的羊毛條近兩指距離前三分一處，開始撥拉開洞（第一個洞），製作烤皮（可比對長棍麵包主體露出的麵包基底部份）。

57 撥拉3個洞後，平舖在長棍麵包的主體上（比對是否有不合適位置），可以微調整。

58 第一針可於最上方凹陷處開始下針固定（將皮面與麵包主體氈化）且適度呈現麵包的高低變化。

51 準備適當羊毛條約共0.5g（Bao 10紅棕約0.2g、Bao 09黃棕色約0.2g、Bao 06橙黃0.1g），三色可依個人喜好深淺，進行混色。

52 將相近少量毛量兩色進行抽拉混色（大姆指和食指放鬆距離約3-5cm）較易達到混色均勻。

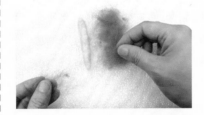

53 混色均勻後，即可進行平面氈化，舖在工作墊上的毛片平面面積以長棍基底主體為主，長寬約可和主體大小一樣即可。

54 在工作墊上，再進行麵包皮的平面氈化。※平面氈化訣：從上至下；右至左密集度垂直下針（約1cm）進行平面氈化，反覆進行2-3次即可。

48 袖口處輕輕順勢往右摺，接合處可沿著腋窩處往下延伸垂直針戳入布面氈化，袖子保持空心氈化（有些微硬度）狀態，固定內側手肘處（大概固定後即可放置；待做法國麵包）。

● 製作法國麵包

49 準備約1g（Bao 001基底麵糰）製作約5cm長棍法式麵包。

50 從毛底部往前捲（像做紙捲方式）捲成直筒狀。

67 做成片狀氈化後，可先將片狀撕成寬度大小約1.5-2cm，長約2-3cm，先將兩側邊毛片戳入布面固定兩側，且輕輕氈化腳部的表面。

68 將兩側邊毛片氈入戳至布面後，也可再強調裙襬的下圍處，將其更為立體狀。

69 腳部下方戳入凹痕製作，呈現立體腳板，並輕輕氈化腳板底部。

70 拿取少量（相近耳朵及鼻子色的片狀毛料），撥拉約1×1cm毛片，包覆小熊腳板上。

63 戳袖口邊緣處，做出袖口的洞。

64 衣袖與麵包氈化結合後，可取用鼻子和耳朵相近餘下毛料，先折疊小圓型，氈製小手套部份，將摺好圓片（可參考圖30-31耳朵做法）氈入袖口內，斜針下針氈製大姆指縫邊，形成小手套的模樣。

65 再製作小熊另一隻手袖，可以直接將兩側毛片氈入布面，讓袖子保持澎澎的即可。

🐻 製作腳部

66 準備（毛條色系為：Bao 09 黃棕色、Bao 06橙黃、Bao 04奶油黃、Bao 10紅棕、Bao 11淺咖）混色及平面氈化，以便製作腳部的毛片。※若小熊臉部還有剩餘毛片也可直接使用。

59 可將麵包烤皮較鬆散的部份，輕戳（下針約1-2mm）至主體上更加氈化，接續的將第二、第三個慢慢氈化戳製麵包主體。盡量將（烤皮和主體）其接合處都下針至麵包周邊烤痕處，以至不讓戳針洞孔非常明顯。

60 將背面多餘的烤皮也慢慢氈戳至背面麵包主體上。

61 長棍麵包成形！這時即可將其放至小熊衣袖附近，做為小熊手挽著麵包的樣貌。

🐻 組合衣服與麵包

62 將麵包貫穿下針，戳針小熊衣袖，加以氈化結合。

78 也可增加長棍糖粉視覺效果，運用壓克力顏料及海綿拍打至麵包本體。

74 輕輕戳入長形眉毛，與下方圓形眼睛。

71 再度輕戳（強調）呈現半圓型腳板上方半圓線條與腳板底部平整線條。

79 最後將口袋內裡縫起來，或加上一層底部在穿出的羊毛背面，較為美觀。

75 準備（Bao 04奶油黃）戳成平面氈化的毛片狀（做法參考圖20）再戳至鼻子。

●製作小熊臉部

72 手指輕壓小熊的眼窩處，輕壓後也可以使用戳針下針，使眼睛周圍微微眼窩的凹陷處稍微固定，呈現立體度。

80 縫製完成，讓每個口袋或平面都可增加自己想要呈現的羊毛氈圖案唷！

76 輕輕斜戳鼻心旁的立體側邊且氈黏至熊鼻底座上，並將鼻心修飾成橢圓形。

73 撥拉一塊2-3mm毛片，折至更小片狀（似耳朵及鼻子的色系），準備製作眼睛及眉毛部位。

77 可將準備的芝麻使用白膠黏貼上小熊臉部，當成雀斑使用，並刷上白膠再次保護芝麻一層。

收納特輯

多功能兩用袋中袋

隔層多的袋中袋不再只能放入包內使用，
在包以外的地方當置物袋也具美觀和實用性。

日落的富士山
多變包袋

書包式袋蓋的袋中袋，獨立當包款使用也不違和，兼具實用與功能性。袋內有不少的隔間與口袋，雜物過多也不用擔心，可以整齊的收納好。還能當置物袋使用，扣在椅子或嬰兒推車上好用又方便。

製作示範／陳如
編輯／Forig　成品攝影／蕭維剛
完成尺寸／寬 25cm× 高 23cm× 底寬 12cm
難易度／●●●●

Profile

陳如

Fong 手作；Fong 中文發音（瘋）。從一個筆袋開始，沉迷於手作世界，轉眼超過十年，日常的認真與堅持都用在了創作上，喜歡將不同的素材搭配碰撞出不一樣的花火，使每個作品與眾不同。

🅵搜尋：Fong 手作

裁布示意圖：
A 表配色布

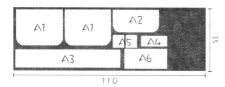

B 表主色布

C 裡布

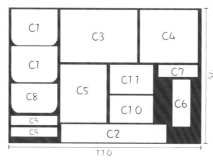

Materials

紙型 A 面

裁布與燙襯：

※ 紙型未含縫份、數字尺寸已含縫份。※ 襯的種類可依照使用布料自行選擇。

部位名稱	尺寸	數量	燙襯	備註
A1 袋身	紙型 A	2	純棉厚襯	襯：同紙型尺寸
A2 後口袋袋身	粗裁 26.5×12.5cm	1		紙型 A 弧度
A3 側身	60×10 cm	1	純棉厚襯	襯：58.5×8.5cm
A4 提把	15×6cm	1		
A5 D 環耳掛	6.5×7cm	2		
A6 蓋子裡布口袋上片	24.5×11cm	1		
B1 袋蓋	紙型 B	1	純棉厚襯	襯：同紙型尺寸
B2 前後口袋裝飾布	26.5×5cm	3	薄襯	襯：26.5×5cm
B3 袋蓋口袋	粗裁 24.5×15cm	1	薄襯	紙型 B 弧度 襯：24.5×15cm
C1 袋身	紙型 A	2		
C2 側身	60×10cm	1		
C3 鬆緊口袋	44×29cm	1		1 片對折，高度為 14.5cm
C4 立體口袋	32.5×29cm	1		1 片對折，高度為 14.5cm
C5 口袋夾層	26.5×32cm	1		1 片對折，高度為 16cm
C6 側邊卡夾口袋	10×26cm	1		1 片對折
C7 杯子鬆緊固定條	22×6.5cm	1		鬆緊帶：寬 2×13.5cm
C8 後口袋	26.5×16cm	1		紙型 A 弧度
C9 透明口袋裝飾布內裡	26.5 ×5cm	2		
C10 袋蓋口袋前片	粗裁 24.5×15cm	1		
C11 袋蓋口袋後片	粗裁 24.5×16cm	1		
透明布料	26.5×11.5cm	1		可剪大一點再修

其它配件：

22.5cm（9 吋）拉鍊 ×1 條、25cm（10 吋）拉鍊 ×1 條、磁釦 ×2 組、D 環 ×2 個、背帶 ×1 組、鬆緊帶寬 2cm× 長 13.5cm、鬆緊帶寬 1cm× 長 26.5cm、插釦 ×2 個、塑膠掛勾 ×4 個、織帶 60cm 長。

製作表袋身

09 翻回正面,縫份倒上,沿邊壓線。

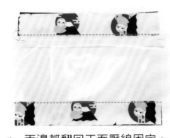

05 兩邊都翻回正面壓線固定。

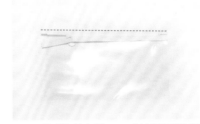

01 取透明布與 10 吋拉鍊正面相對車縫。

10 後口袋布再與內裡 C8 正面相對車合。

06 將完成的透明拉鍊布放上表布 A1 對齊。

02 翻回正面,沿邊壓線固定。

11 翻回正面後先壓線,距離上方 1.5cm 位置裝上磁釦。

07 距離底部 2.2cm 位置裝上磁釦,並疏縫四周一圈,再把多餘的布料沿邊修齊。

03 取裝飾布 B2 與裝飾布內裡 C9 夾車另一邊拉鍊。

12 袋身 A1 距離上方 5.7cm 位置裝上磁釦後,將後口袋放上去對齊好疏縫,後袋身完成。

08 取裝飾布 B2 與後口袋袋身 A2 正面相對車合。

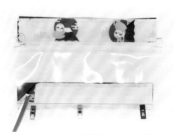

04 再取另一片裝飾布 B2 與 C9 夾車透明口袋下方。

21　取側身 A3 和步驟 12 完成之後袋身，中心點做記號，正面相對對齊好車縫固定。

17　取提把 A4 兩邊往中心對折後再對折，並在正面兩邊壓線。

13　取袋蓋口袋 B3 與 C10 夾車 9 吋拉鍊，並翻回正面壓線。

22　側身另一邊，一樣與袋身做好中心記號對齊，車縫固定。

18　取 D 環耳掛 A5 正面相對對折，車縫一道後翻回正面。

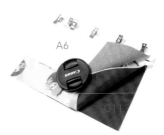

14　蓋子裡布口袋上片 A6 與 C11 夾車拉鍊上方。※ 注意 C10 和 C11 不可以拿錯。

23　後袋身袋口中心點往左右各 2.5cm 處，將提把疏縫固定。

19　正面兩邊壓線後裁剪一半。完成 D 環耳掛與提把。

15　將 A6 往上翻，裡布 C11 不動，拉鍊上方壓線。

24　取步驟 16 完成之袋蓋，正面相對疏縫固定於後袋身表布上方，完成表袋身。

20　將 D 環耳掛分別疏縫於 A3 側身兩短邊的中間，掛耳要突出約 0.5cm。

16　修剪好弧度，距離底部 2.2cm 位置裝上磁釦，與 B1 正面相對車縫，再翻回正面完成袋蓋。

33 鬆緊口袋與立體口袋各自與
C1 對齊車縫，立體口袋車上
中間白色線。

29 固定好之後，把 C5 口袋夾層
上面往後折。

25 取鬆緊口袋 C3，正面朝外對
折，上方車 1.5cm 的壓線。

34 取側邊卡夾口袋 C6，正面相
對車縫一道，並翻回正面壓線
固定。

30 上方壓線 0.2cm。

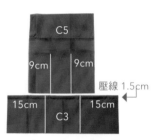

26 取 C5 與 C3 用消失筆於標示
位置做記號線。

35 取杯子鬆緊固定條 C7，正面
相對車縫一道，翻回正面後將
寬 2cm × 長 13.5cm 鬆緊帶穿
入，左右兩端車縫固定。

各距 1.5cm

山谷 谷山

31 取立體口袋 C4，正面朝外對
折，上方壓線 0.2cm，如圖示
畫出記號線。

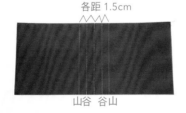

27 將寬 1cm × 長 26.5cm 的鬆緊
帶穿入 C3，並將左右兩端車
縫固定。

3.5cm

6cm

36 卡夾口袋與杯子鬆緊帶固定於
側身 C2，如圖示位置。

32 將立體口袋依山谷線折好，對
折的山線處壓線固定。再取完
成的鬆緊口袋 + 夾層，放於
袋身 C1。

28 將 C3 與 C5 記號線對齊，把
口袋隔間車縫好。

製作插釦掛勾

37 側身 C2 與裡布袋身正面相對，依強力夾處車縫固定。

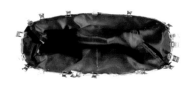

留返口

38 另一邊同作法對齊後車縫，記得留返口。

41 準備 4 個掛勾。※ 登山勾也可以。

39 將表、裡袋身正面相對套合，袋口處車縫一圈。

42 取 2 條 30cm 織帶，穿過掛勾後，兩端各自穿入插釦公母，織帶尾端內摺收邊車縫。

43 也可以用登山勾代替。

44 完成。袋中袋也可扣在椅子或推車上當置物袋使用。

40 從返口翻回正面，袋口壓線一圈，再將返口縫合。

奇幻之旅
變化包

看似簡約的束口後背包其實暗藏玄機，包內有實用的袋中袋分隔層，任何物品都能收納整齊，帶筆電也沒問題。束口包還可收折進內袋裡，變身為置物袋，居家也適用，創意的變化方式讓人耳目一新。

製作示範／古依立
編輯／Forig　成品攝影／詹建華
完成尺寸／寬 25cm× 高 35cm× 底寬 10cm
難易度／●●●●

30

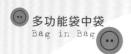

多功能袋中袋
Bag in Bag

 Materials

紙型 B 面

用布量：

表布：厚傘布 2 尺、磨砂防水布 1.5 尺。裡布：防水布 3 尺。

裁布與燙襯：

※ 以下紙型及尺寸皆已含縫份 1cm。

部位名稱	尺寸	數量	燙襯／備註
束口袋：厚傘布			
前袋身	39×60cm	1	
後袋身	39×50cm	1	
20cm 一字拉鍊裡布	粗裁 24×45cm	1	
磨紗防水布			
表袋身	紙型	1	
防水布（裡布）			
後袋身	紙型	1	（EVA 泡棉不含縫份）
筆電檔布	24×27cm	2	（EVA 泡棉 24×27cm）
側身	紙型	2	（正反各 1）
褶式口袋	24×27cm	2	
鬆緊帶檔布	5×8cm	4	
前袋身	紙型	2	（正反各 1）
貼式口袋	14.5×14.5cm	2	

其它配件：

20cm ＃ 5 拉鍊 ×1 條、2cm 織帶 ×10 尺、2cm 塑膠插釦 ×3 組、2cm 鬆緊帶 ×3 尺，10.5cm 鬆緊帶 ×1 尺，包邊帶 ×4 尺、30×18cm 網眼布 ×1 片、3cm 裝飾帶 ×1 尺、束繩帶 ×3 尺、檔繩釦 ×1 個。

Profile

古依立

就是喜歡！就是愛亂搞怪！雖然不是相關科系畢業，一路從無師自通的手縫拼布到臺灣喜佳的才藝副店長，就是憑著這股玩樂的思維，非常認真地玩了將近 20 年的光景，生活就是要開心為人生目標。合著有：《機縫製造！型男專用手作包》、《型男專用手作包 2：隨身有型男用包》

依秝工作室
新竹縣湖口鄉光復東路 315 號 2 樓
0988544688
搜尋：
「型男專用手作包」
古依立、依秝工作室

製作束口袋

09 置於後袋身（背面）袋底布邊對齊疏縫。

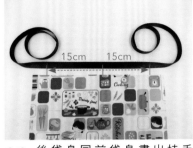

05 後袋身同前袋身畫出持手位置記號線，並將2cm織帶150cm長於中心點左右各15cm畫出記號線。

01 取前袋身39×60cm依圖標示畫出持手位置。

10 將前後袋身正面相對袋底車縫，再將布邊以包邊帶對折包覆車縫固定。

06 將織帶記號對齊後袋身持手記號線車縫固定。

02 取2cm織帶30cm長置於記號線上方車縫固定，並於袋口下10cm畫出包邊帶記號線。

11 翻回正面（後袋身朝上）袋口布邊對齊。

07 同步驟3-4車縫包邊帶。

03 剪一段38cm長包邊帶，將兩側於背面反折2cm車縫固定。

2cm

12 兩側袋底依紙型（束口袋織帶車縫示意圖）裁剪打角布料。

08 取人字帶18cm兩端先行拷克。

↑拷克。

04 置於前袋身10cm記號線，上下邊車縫0.2cm固定線。

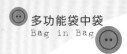
製作袋身
一字拉鍊與束口袋組合

20 後袋身依紙型位置開 20cm 一字拉鍊口袋（20.5×1.5cm）。

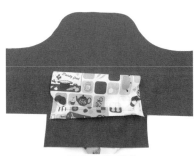

21 剪開 Y 字，將口袋裡布置入，並整燙好開口。

22 取 20cm 拉鍊置於開口處。

17 袋底打角車縫固定，布邊以包邊帶對折包覆車縫固定，完成兩側。

18 袋口布邊於背面先反折 1cm，再反折 3.5cm。

19 袋口正面依包邊帶上方再壓線一圈。後袋身織帶需反折 3.5cm 一併車縫壓線，再由脇邊穿入 85cm 的束繩帶一圈後再套入檔繩釦。

13 於後袋身依紙型位置車縫 35cm 長的 2cm 織帶。

14 完成兩側的織帶車縫。

15 上下織帶車縫 2cm 插釦（上 / 下座）。

16 將袋身翻至正面相對車縫兩側，布邊以包邊帶對折包覆車縫固定。

29 翻回正面，依圖示位置三邊壓線 0.2cm 固定。

30 背面示意圖。

31 將拉鍊兩側脅邊車縫固定。
※ 不可車到束口袋。

32 EVA 泡棉貼合於後袋身背面，備用。

26 取已完成的束口袋翻至背面（後袋身朝上）。

27 將後袋底的人字帶與拉鍊布邊對齊，並貼合固定。

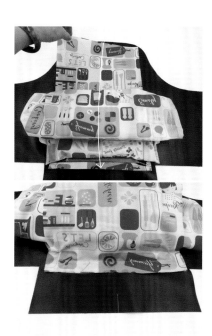

28 再將拉鍊口袋裡布袋底布邊與拉鍊布邊對齊。

23 翻至背面，將口袋裡布翻起至拉鍊邊。

24 翻回正面依圖示位置壓線0.2cm 固定。

25 再翻至背面將口袋裡布往上翻。

製作內袋身

40 將織帶置入 2cm 插釦（下），織帶末端反折車縫固定。剪 4 條 4×10.5cm 的鬆緊帶依圖示置於兩側邊疏縫固定。

33 筆電檔布背面貼上 EVA 泡棉。

41 與另一片筆電檔布正面相對車縫三邊，底部留返口。由返口翻回正面上／下邊壓線 0.5cm。

37 由裝飾帶側邊置入 24cm 鬆緊帶，並擺放於筆電檔布上方中心點及底部布邊對齊。

34 取網眼布 30cm 處與 3cm 裝飾帶背面貼合固定（內縮 0.5cm）。

42 將筆電檔布依紙型位置固定於後袋身。取 2cm 織帶 13cm 長套入插釦（上），對折後疏縫於袋身上方中心處。

38 將三邊及中心點對齊好車縫固定。

35 翻至正面，上方車縫 0.2cm 固定。

39 取 2cm 織帶 30cm 長置於中心，並車縫 23cm 長的ㄇ型固定線。

36 網眼布往下翻後再壓線 0.2cm 固定。

組合袋身

51　前袋身與側身正面相對車縫固定。

52　縫份倒向前袋身並壓線0.5cm，共完成2片。

53　後袋身兩側再與左/右側身正面相對車縫，縫份倒向側身壓線0.5cm固定。

47　將褶式口袋依側身紙型位置擺放好疏縫兩側固定。

48　同作法完成另一側。

製作貼式口袋

49　取貼式口袋14.5×14.5cm袋口處縫份背面反折（折3折1cm），正面壓線0.7cm。

50　置於前袋身，底部對齊三邊疏縫固定，同作法完成另一片。

製作側身褶式口袋

43　鬆緊帶檔布5×8cm長邊處背面相對對折，置於褶式口袋上/下邊中心點，並車縫1.5cm固定線。

44　縫份翻至背面，正面壓線1.2cm固定。

45　由中心往兩側各3.5cm處將布反折至背面車縫臨邊線0.2cm固定。

46　將2cm鬆緊帶10cm長分別穿入鬆緊帶檔布上/下方。

包款變化法

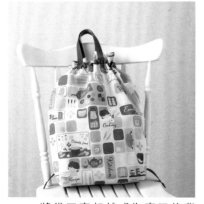

01 將底部拉鍊拉開。

02 拉出束口袋,翻正套上置物袋。

03 套合之後,置物袋變成包內的隔層袋。

04 將袋口束起就成為束口後背包!

58 表袋身接合方式同上。(步驟54~57)

59 將表裡袋身背面相對套合,袋口處疏縫一圈固定。並將人字帶剪25cm疏縫於裡袋身袋口中心兩側各5cm處。

60 袋口處縫份包邊一圈完成。

61 將提把往後沿邊壓線固定即完成。

54 前袋身中心正面相對車縫固定,縫份倒向兩側壓線0.5cm。

預留1cm不車

55 袋底中心點與前袋身中心正面相對車縫固定,兩側需預留1cm不車。

56 袋身兩邊轉角處剪牙口。

57 使側身袋底對齊好車縫固定。

簡約大方
兩用
水餃包

簡約時尚的包型，搭配鮮豔的色彩，整體看起來更加亮麗奪目。袋中袋的設計，可依需求放入包內或單獨當置物袋使用，水餃包的大容量用途更廣泛，加上可調長短的提把設計，實用度滿分！

製作示範／LuLu
編輯／Forig　成品攝影／蕭維剛
完成尺寸／水餃包：寬 32cm×高 23cm×底寬 13cm
　　　　　　袋中袋：寬 25cm×高 14.5cm×底寬 12cm
難易度／❋❋❋

Materials

紙型 C 面

裁布：

※ 除特別指定外，縫份均為 1cm。紙型不含縫份。

部位名稱	尺寸	數量	燙襯
水餃包前／後表布 A	48×22 cm（含縫份）	2	
水餃包表布底 B	依紙型	1	
水餃包前／後裡布 C	依紙型	2	燙不含縫份的厚布襯
收納袋表布 N	36.5×17cm（含縫份）	2	燙不含縫份的厚布襯
收納袋表布底 O	依紙型	1	燙不含縫份的硬襯
收納袋裡布底 Q	依紙型（同O紙型）	1	
收納袋前／後裡布 P	36.5×17cm（含縫份）	2	
收納袋隔層 R	14×28cm（含縫份）	4	燙 12×13cm 紙襯
收納袋隔層 S	13.5×17cm（含縫份）	1	燙 11.5×7.5cm 紙襯

其它配件：

50cm 拉鍊 ×1 條、側邊 D 環皮片 ×2 組、兩用提把 ×1 副、收納袋持手 ×1 副。

Profile

LuLu

熱愛手作生活並持續樂此不疲著，因為 " 創新創造不是一種嗜好，而是一種生活方式 "。

。原創手作包教學／布包皮包設計繪圖

。著作：《職人手作包》，《防水布的實用縫紉》，《職人精選手工皮革包》

。雜誌專欄：Cotton Life 玩布生活，Handmade 巧手易

。媒體採訪：自由時報、Hito Radio、MY LOHAS 生活誌 ......

搜尋：

LuLu Quilt - LuLu 彩繪拼布巴比倫

部落格：

http://blog.xuite.net/luluquilt/1

（一）收納袋 隔層 R 的製作

01　收納袋隔層 R 反面燙上不含縫份的 1/2 紙襯。

02　再正面相對對折，下邊縫合。

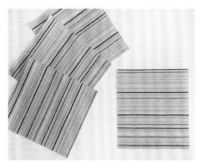

03　翻回正面，整燙，上下邊各壓車一道臨邊線。以上共需四片。

（二）收納袋 隔層 S 的製作

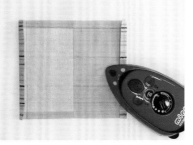

01　收納袋隔層 S 先燙上不含縫份的 1/2 紙襯，如圖。上下邊折入 1cm 縫份燙固定。

02　再正面相對對折，車縫兩側。

03　由下方開口翻回正面，整燙，上下邊各壓車一道臨邊線。

04　取一片步驟（一）完成的 R，將收納袋隔層 S 下邊與 R 下邊對齊並置中，在 S 中線位置車縫一道直線固定。

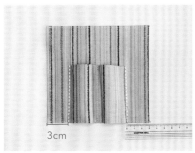

05　調整 S 兩側距離至 R 兩側約 3cm 處，分別車縫一道臨邊線固定。

（三）收納袋 裡袋的製作

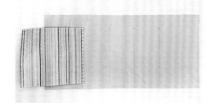

01　參照紙型，在收納袋前／後裡布 P 正面分別畫上四條記號線。

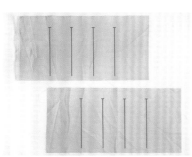

02　取步驟（二）完成的 R+S，正面朝下，貼齊後裡布 P 上的第一條記號線，先車縫一道直線，縫份約 0.3cm。

03　再往右翻回正面，再壓車一道直線，寬度約 0.7cm。

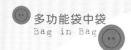

（五）收納袋表／
裡袋的組合

01 將表袋翻回正面，上邊縫份往裡折入並燙固定。

02 裡袋上邊縫份往下折好並燙固定。

03 裡袋套入表袋內，上邊折痕對齊，先車縫一整圈臨邊線；接著，於臨邊線入 0.5cm 再壓車一整圈。

08 下邊和裡布底 Q 正面相對縫合。

（四）收納袋
表袋的製作

01 收納袋表布底 O 反面燙上不含縫份的硬襯。

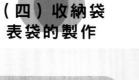

02 表布 N 二片先燙好厚布襯。再將二片正面相對，車縫兩側，縫份攤開並壓車。

03 下邊和表布底 O 正面相對縫合。

04 同作法車縫固定另外三片隔層 R。至此，完成四片隔層 R 的一側與後裡布 P 的縫合。

05 接著，同上述作法，車縫隔層 R 的另一側與前裡布 P 固定。

06 組合完成如圖。

07 前後裡布 P 正面相對對齊，車縫兩側固定。

（七）水餃包
裡袋的製作

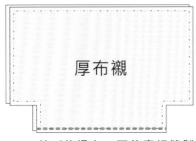

01　前／後裡布 C 可依喜好縫製內裡口袋。二片正面相對，下邊縫合。

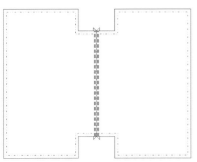

02　縫份攤開，接縫線左右兩邊壓車。

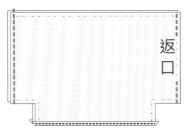

03　再往上對折，車縫兩側，需預留一返口不縫。縫份攤開並壓車。

04　車縫底部兩側打角。

03　夾角縫份攤開，備好表布底 B。

04　表布 A 下邊和表布底 B 上邊正面相對縫合。

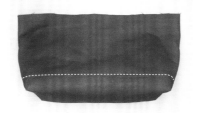

05　翻回正面，縫份倒向下，壓車一整圈。

6cm

06　分別於兩側上邊入 6cm 處，縫上 D 環皮片並以鉚釘固定，完成水餃包表袋的製作。

04　於前／後袋口中央位置釘上持手，完成收納袋。

（六）水餃包
表袋的製作

01　水餃包前／後表布 A 正面相對，車縫兩側，縫份攤開並在接合線左右兩邊壓車，完成表布 A 一整片。

02　車縫水餃包表布底 B 的四個夾角。

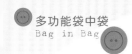

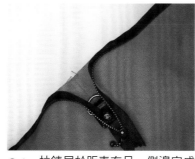

08 提把尾端與皮片鎖緊固定。

04 拉鍊尾於距表布另一側邊完成線約 2cm 處順著往下斜拉。

05 至此，完成水餃包裡袋。

（八）水餃包 全體的組合

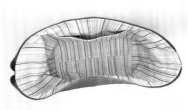

05 表袋套入裡袋，正面相對，上邊縫合一圈。

01 取 50cm 拉鍊 1 條，拉鍊頭端布折入再對角折，粗縫幾針固定。

06 由裡布返口翻回正面。裡布袋口整燙，表布袋口以骨筆整形，壓車一整圈固定。

09 自由調整提把鎖緊固定的長度，可以變化成肩背或手提。最後將裡布返口藏針縫合即完成。

02 拉鍊正面朝下，以雙面膠帶黏貼固定於表袋的上邊，拉鍊布邊和表布上緣貼齊。

07 手縫提把固定端和皮片。 間距約 10cm。

03 拉鍊頭端距表布側邊完成線約 2cm。

廣受好評的童裝手作書

易學好上手的韓系童裝

專為身高 85 ～ 135cm 孩子設計的 29 款舒適童裝與雜貨

作者／梁世娟
定價／ 480 元

本書特色：

＊各種風格的服飾與穿搭

從可愛洋裝、摩登家居服、不同款式的外套、改良韓服、裙子和褲子，到孩子的雜貨配件等，一書包辦全身造型！單品互相穿搭出各式風格，親手打造出時尚寶貝！

＊縫紉基礎與技巧圖解

帶領初學者入門，用好理解的圖文說明方式介紹使用工具、紙型的記號說明、縫份處理方式、燙襯需求、抓皺等許多製作技巧，帶你一步步打穩服裝基礎，製作任何款式都能上手。

＊明瞭的裁剪排布圖和步驟拆解圖

每款都有紙型排布圖和貼襯示意圖參考，清楚的將紙型排列出來，教你如何節省布料，對初學者很有幫助，大大降低裁布出錯率，跟著易懂的步驟拆解圖製作，輕鬆完成寶貝的服飾，成就感大提升！

＊每款共有 5 種尺寸的實物紙型，3 ～ 8 歲都可以穿

可隨著孩子的成長選擇適合的紙型尺寸進行製作，從身高 85cm ～ 135cm，共分為 5 種尺寸範圍，用媽媽牌愛的服飾，陪伴孩子每年的成長，手藝也跟著逐年精進。

夏日休閒下著

涼爽舒適的男用短褲與女用的短裙、褲裙，
每款都好穿耐搭，可製作出不同風格替換穿著。

質感打褶短褲裙

夏日百搭的質感短褲裙，因布的質料與紋路不同，能創作出不一樣的風格。褲管滾邊的裝飾讓褲裙更精緻有層次，繫上不同細腰帶展現更多風貌。涼爽好穿又時尚的短褲，一定要擁有好幾件！

尺寸表：（單位CM）

尺寸	腰圍	腰長	股上長	臀圍	褲長
M	71	19	25	107	36
L	76.5	19	25	113	36

◎M號：適合腰圍68.5~71cm穿著、L號：適合腰圍73.5~76.5cm穿著。

製作示範／翁羚維　編輯／Forig　成品攝影／詹建華
完成尺寸／Size：S
model：Yen（腰圍：64cm、臀圍：87cm）
難易度／

Materials  紙型 A 面

用布量： 布幅寬110cm
M、L號：表布5尺、配色布1尺。

裁布：

表布（純棉布）

前片	依紙型	2片	
後片	依紙型	2片	
前片下襬布	依紙型	4片	洋裁襯不含縫份4片
後片下襬布	依紙型	4片	洋裁襯不含縫份4片
口袋布	依紙型	2片	
腰帶布	依紙型折雙	2片	洋裁襯不含縫份2片
拉鍊持出布	依紙型折雙	1片	洋裁襯不含縫份1片
貼邊布	依紙型	1片	洋裁襯含縫份1片
腰帶環	4cm×7.5cm↑	5片	

配色布（薄麻布）

口袋布	依紙型	2片	
裝飾邊條（M號）	80cm×3cm↑	2片	
裝飾邊條（L號）	83cm×3cm↑	2片	

※紙型皆未含縫份，請依指定數字留縫份裁剪；數字已含縫份1cm，
　請依標示尺寸直接裁剪。
※腰帶環2種尺寸皆相同；貼邊布與拉鍊持出布，2種尺寸紙型皆相同。

燙襯部位：
1.依裁布説明將裁片燙上洋裁襯。
2.前後片依紙型上的口袋位置，燙上1.5×17cm的牽條（洋裁襯裁斜布紋），共4條。

先拷克部位：
1.前後片的褲襠。2.前後片的兩側脇邊。3.貼邊外圍弧度處。4.口袋縫份1.5cm的位置。

其它配件：
洋裁襯、11號車針、#80車線、直徑2cm鈕釦1顆、7吋普通拉鍊1條、假縫棉線。

作品特色：
1.曲線腰帶的設計讓線條更自然，穿著也更服貼。
2.脇口袋的設計兼具實用性。
3.前開式拉鍊作法讓褲裝較正式，配合尖褶設計讓身形更修飾。
4.雙層夾邊下襬設計，讓褲裝帶點活潑感。

課前準備：
將布料過水，浸泡約30分鐘（不放清潔劑），
脫水後取出陰乾，用蒸氣熨斗燙平即可。
※不可用烘乾或直接大太陽曬乾的方式。

Profile

翁羚維
現職：微手作工作室
簡歷：台南女子技術學院／服裝設計系畢業
　　　曾任台灣喜佳新竹新光三越專任老師
　　　2013年參與《布作迷必備的零碼布活用指南書》合著製作
　　　2014年參與《機縫製造！型男專用手作包》合著製作
　　　2016年參與《型男專用手作包2隨身有型男用包》合著製作
　　　FB社團：微手作

9 持出布如圖畫出記號線。

5 縫份倒向貼邊布整燙,正面壓線0.2cm至拉鍊止點。

1 車縫前片褶子,褶尖不回針,留線頭打結處理,並完成另一片前片。

10 拉鍊對齊持出布記號線,拉鍊頭朝上,車縫0.2cm固定。※拉鍊尾檔需與下方記號線差距0.5cm。

6 與右前片正對正,如圖車縫褲襠完成線至拉鍊止點,縫份燙開至中心。※不要車到貼邊布。

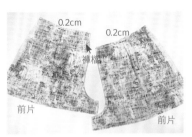

2 褶子倒向中心(褲襠)整燙,上方疏縫0.2cm固定。

11 將步驟10置於右前片下方,先用假縫線固定0.3cm至拉鍊止點,再車縫0.2cm固定。※可更換可調式拉鍊壓布腳製作。

7 持出布正對正對折,車縫下方完成線1cm,縫份修剪0.5cm,翻回正面整燙。

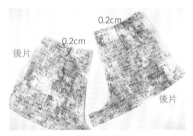

3 同前片作法完成後片。

12 將拉鍊拉合,左前片蓋住右前片,用假縫線先將中心固定好,縫約0.2cm至拉鍊止點。

8 持出布如圖先車縫0.5cm,再拷克處理。

4 貼邊布與左前片正對正,如圖對齊車縫1cm至拉鍊止點。

21 於口袋止點處剪一刀牙口,才好倒向前片整燙,此時會與脇邊的縫份差距0.2cm。

22 前片正面依紙型畫出口袋位置,車縫裝飾線,頭尾加強回針。

23 再與另一片口袋布(表布)正對正,口袋布布邊對齊後片的脇邊,車縫1.3cm至口袋止點。※不要車到後片。

17 壓完記號裝飾線背面的樣子。

18 如圖再壓一道車線加強固定,拆除假縫線即完成。

製作脇口袋

19 前後片正對正,車縫脇邊1.5cm,口袋位置放大針趾車縫(粗針),頭尾加強回針,縫份燙開。

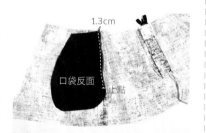

20 取出口袋布(配色布),口袋正面面向後片的反面,口袋布布邊對齊前片的脇邊,如圖車縫1.3cm至口袋止點。※不要車到前片。

13 翻至背面,掀起持出布,用假縫線將拉鍊縫於貼邊布上。※不要縫到前片。

14 如圖車縫0.2cm及0.4cm固定。※壓0.4cm時需更換可調式拉鍊壓布腳製作。

15 翻回正面,運用製圖尺畫出要壓縫的裝飾記號線。

製作前開拉鍊

16 沿著記號線車縫。※記得掀起持出布。

31 再與褲管布邊對齊，車縫 0.2cm，頭尾保留約6cm不車縫。

32 將裝飾邊條布頭尾正對正，車縫1cm，縫份燙開。

33 對折，再與布邊對齊，車縫 0.2cm固定，完成邊條布。※建議頭尾的收邊處理置於內脇邊中心，會漂亮許多。

🧵製作下襬布

34 取1片前片下襬布與1片後片下襬布，正對正，車縫兩側 1.5cm，縫份燙開。※車縫時需注意內脇與外脇的標示。

27 同步驟19～26，完成另一側脇口袋。

28 將2片後片正對正，車縫褲襠完成線，縫份燙開。

29 再將前後片褲底中心點對齊，車縫1.5cm，縫份燙開。

🧵製作邊條布

30 裝飾邊條背對背對折整燙。

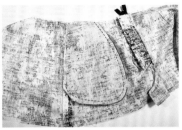

24 車縫口袋布外圍縫份1cm，並一同拷克處理。

25 再將脇邊大針趾的車縫線拆除，整燙好，即完成脇口袋。

26 如圖將口袋上方與前片車縫 0.2cm固定。

50

43 腰帶布中心點與後片中心點對齊，珠針固定，由後片圍繞至前片車縫腰圍1cm。※若用7吋拉鍊製作，記得先將拉鍊頭拉下，再進行車縫。

39 同步驟36～38，完成另一片褲管下襬布。

35 同步驟34，完成共4組下襬布。

☲ 製作腰帶

44 剪掉多的拉鍊，若腰帶布有多也順著線條修剪，頭尾應多出1cm即可。

40 腰帶環兩側長邊折燙0.9cm，再對折整燙，左右各壓線0.2cm，共5片。

36 下襬布與褲管正對正，布邊對齊，車縫1cm，縫份倒向下襬布整燙。※前片對前片，後片對後片。

45 前方腰帶的樣子，並將縫份倒向腰帶整燙。

41 依腰帶紙型位置，將腰帶環固定前後片腰圍處，車縫0.2cm。

37 再與另一組下襬布正對正，布邊對齊，中心點對齊，車縫1cm。※前片對前片，後片對後片。

46 取另一條腰帶，如圖先折燙下方1cm備用。

42 車縫好前片腰帶環的樣子。

38 將內側的下襬布，布邊往內折燙1cm，蓋住褲管完成線，珠針固定，如圖正面上下車縫0.2cm一圈。

0.7cm 2.8cm

51 如圖位置開釦洞（橫釦），並縫上鈕釦即完成。

47 將2片腰帶布中心點對齊，正對正擺放，車縫1cm。※一樣由後中心圍繞至前片的方式車縫。

48 腰帶前端車縫。

49 尖端處縫份稍作修剪，翻回正面整燙，車縫腰圍0.2cm一圈。

50 腰帶環往內折1cm，順著腰圍車縫線，一同車縫0.2cm固定。

製作示範／鍾嘉貞　編輯／Forig
成品攝影／詹建華
完成尺寸／Size：S
model：Yen
（腰圍：64cm、臀圍：87cm）
難易度／🧵🧵🧵

活力條紋鬆緊帶短裙

用百搭的條紋布製作八片裙，明亮的色彩帶出青春活力的感覺，若用牛仔布或素色布製作，有低調率性的風格。內裡設計為褲子，短裙也不用擔心會曝光，繫上腰帶做裝飾，讓外觀更有層次的美感。

尺寸表：（單位CM）

尺寸	腰圍	臀圍	褲長
M	70	98	40
L	76	104	43

Materials  紙型 D 面

用布量：表布（條紋布）4尺、裡布2尺。

裁布：
表布（可用幅寬110cm）

裙片	紙型	8片
裙頭（M號）	W98×L12cm	1片
裙頭（L號）	W106×L12cm	1片
裙耳（M、L號）	W4.5×L10cm	3片
腰帶（M、L號）	W120×L11cm	1片

裡布（可用幅寬144cm）

前片內裡	紙型	2片
後片內裡	紙型	2片

※以上紙型請按照紙版上標示留縫份，數字尺寸已含縫份。

其它配件：3cm寬鬆緊帶×1碼、4.5cmD型環×2個。

Profile

鍾嘉貞

一個熱愛縫紉手作的人，喜歡手作自由自在的感覺，在美麗的布品中呈現作品的靈魂讓人倍感開心。
現任飛翔手作縫紉館才藝老師。

飛翔手作有限公司
http://sewingfh0623.pixnet.net/blog
新北市三重區重新路三段89號2樓之四
（菜寮捷運站3號出口）
02-2989-9967

9 再沿邊車縫臨邊線一圈固定。

5 裙片攤開後，將3條接線的縫份拷克，縫份燙平朝向同一邊，完成前裙片。再依相同作法完成後裙片。

▣製作表裙片

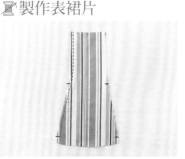

1 裙片做出核對記號。先取2片正面相對車縫一邊。

▣製作裙頭

10 取裙頭布正面相對車縫短邊處，縫份燙開。

6 將前後裙片的下襬處燙縮備用。

2 將下襬縫份反折後修剪掉多餘的側邊布料。

11 將裙頭布正面朝外對折燙長邊處。

7 前後裙片正面相對車縫兩側脇邊，縫份拷克，並燙向後裙片。

3 同作法將裙片2片為1組車合，完成4組。

12 裙頭布折雙處下1.2cm壓裝飾線一圈。

8 下襬縫份先往內折燙（三折包光）。

4 再將2組裙片正面相對，車縫一邊。

製作裙耳

17 裙耳左右兩側內折往中心燙，再對折燙平，兩側車縫臨邊線固定，完成3條。

18 裙頭反面，裙耳縫份0.5cm對齊裙頭1.2cm裝飾線，來回針車縫固定。裙耳分別車在後中心及左右脇邊固定。

19 裙頭正面，將裙耳往上折起，臨邊線來回針車縫固定。

20 再將裙耳往下折，底端對齊疏縫固定。

剪牙口

13 短邊接縫處為後中心，用對折的方式找出前後中心和左右脇邊的記號，先剪好牙口備用。

14 取鬆緊帶兩端重疊約1cm車縫固定。※鬆緊帶長度依個人腰圍減8~10cm。

15 裙頭布中間夾入鬆緊帶，開口車縫固定。

16 並在鬆緊帶中間處再車縫一道固定線，撐開鬆緊帶拉著車縫。

21 將完成的裙頭和裙片正面相對，四個牙口對齊（前、後中心，左、右脇邊）先疏縫固定，再將裙頭拉開與裙片等長，整圈都要拉著車縫一圈。

製作腰帶

5cm

22 取腰帶布正面相對對折車縫L型，起頭留5cm左右不車讓開口大些較好翻回正面。

23 修剪縫份後翻回正面整燙好，四周壓臨邊線固定。

31 內裡設計為褲子，不用擔心走光。

27 將兩個內裡褲管正面相對套合，前片對前片、後片對後片車縫褲檔處，縫份拷克。

24 將腰帶處穿入2個D型環，先內折1.5cm再折3cm壓臨邊線和0.7cm固定線。

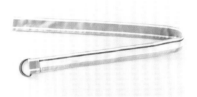

32 穿入腰帶即完成。

28 翻回正面，褲口縫份三折包邊，車縫臨邊線一圈。

25 完成腰帶。

✂ 組合表裡布

✂ 製作內裡

29 將表裙和內裡褲正面相對，四個牙口對齊（前、後中心，左、右脇邊）可先疏縫固定，再將裙頭拉開與內裡腰圍等長，整圈都要拉著車縫。

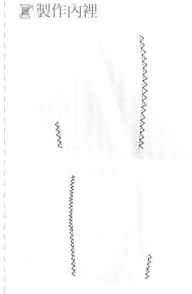

26 取前後內裡正面相對，車縫內脇和外脇，縫份拷克好，完成左右2組。

30 翻回正面整理好裙身。

How To Make

英倫風男休閒短褲

用經典的格紋製作褲子，英倫風的紳士感怎麼搭配都好看，是男性不可或缺的單品之一。前後都有雙口袋，穿著時更加便利，褲口的反摺設計讓整體更有型。

製作示範／Meny　編輯／Forig　成品攝影／詹建華
完成尺寸／Size：L／model：Jason（身高：178cm）
難易度／▰▰▰▰▰

尺寸表：（單位CM）

尺寸	腰圍	臀圍	褲長
M	80	100	55.5
L	85	105	57.5

Materials 紙型 Ⓑ 面

用布量：表布×5尺（幅寬110cm）。

裁布：

前褲身片	紙型	2片
後褲身片	紙型	2片
前袋布	紙型	2片
前袋內貼	紙型	2片
後貼袋	紙型	2片
腰帶布	紙型	1片（燙實版半襯）
左前內貼	紙型	1片（燙實版滿襯）
右前擋布	紙型	1片（燙實版半襯）
腰環	紙型	1片

※以上紙型為實版，縫份依紙型標示外加。

其它配件：18cm拉鍊×1條、20mm釦子×1個。

Elna
Profile

公司名稱：愛爾娜國際有限公司
電話：02-27031914
經營業務：日本Janome車樂美縫衣機代理商
　　　　　韓國無毒環保拼布專用布進口商
　　　　　縫紉工具週邊商品研發製造商
作者：Meny
經歷：愛爾娜國際有限公司商品行銷部資深經理
　　　企業外課講師暨加盟教育訓練講師
　　　布藝漾國際有限公司出版事業部總監

https://www.facebook.com/buyiyang.shop/
https://www.instagram.com/different_craft/?hl=zh-tw

信義直營教室／Tel：02-27031914 Fax：02-27031913
台北市大安區信義路四段30巷6號（大安捷運站旁）

師大直營教室／Tel：02-23661031 Fax：02-23661006
台北市大安區師大路93巷11號（台電大樓捷運站旁）

10 **拷克**：前袋布合拷，前後褲身中心、股下、脇邊，右前擋布，左前內貼。

折燙褲管

‖ **前、後褲管燙法**：褲管先依紙型上的完成線折燙。

12 完成折線上3.5cm再反折。

13 再往內折3.5cm，正面如圖示。 內折 3.5cm

6 翻回正面，縫份倒向前袋內貼，沿邊壓線。

7 將前袋內貼摺好，袋口壓0.7cm裝飾線。

8 再與前袋布正面相對，對齊好依標示位置車合。

9 前口袋與前褲身對齊好，疏縫腰部與脇邊一段。

製作後貼袋

後貼袋上方內折1cm，再折2.5cm燙平，並沿邊壓線。

2 將其它邊的縫份內折燙好。

3 取後褲身片，腰褶依記號車縫，縫份倒向後中整燙。

4 依後褲身片紙型位置擺放上後貼袋，如圖示沿邊車縫固定。

製作前袋布

5 取前褲身片與前袋內貼正面相對，車縫固定。

22 拉鍊拉開，背面呈現的樣子。

18 取右前擋布對折燙，依紙型拉鍊止點將拉鍊對齊擺放，車縫一道固定。

14 翻到背面，折1cm收邊。

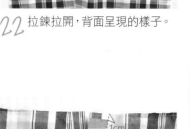

23 取左前內貼紙型，對齊左褲身中心，上方留1cm縫份，沿著弧度畫線後壓裝飾線固定。

19 右前擋布依圖示擺放在右前褲身下，褲身中心邊對齊拉鍊邊壓線固定。

車縫前褲襠拉鍊

15 取左前褲身片，中心與前左內貼正面相對車縫。

組合褲身

24 取左、右後褲身片正面相對，後中心車縫至紙型記號點。

20 將前褲身中心對齊整平，拉開拉鍊，另一邊對齊左前內貼（紙型標示位置）用水溶性雙面膠帶貼合，再車縫固定。

16 翻回正面，壓線固定。

25 將後中心的縫份燙開。

21 將拉鍊拉起，正面呈現左蓋右。

17 將前褲身左、右片正面相對，褲襠處依紙型記號車縫，再把縫份燙開0.5cm。

33 車縫好後褲管裡面呈現沿邊壓線的樣子。

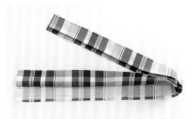

34 將褲管正面的折線翻回,車線會被蓋住,形成褲管反折的效果。

⧘製作褲腰頭

35 取腰帶布對折燙,再將貼襯邊的縫份內折燙好。

36 取腰環布用滾邊器折燙好。

37 再將腰環布對折燙,兩長邊壓線固定。

30 後中心至前褲襠加強車縫,將前襠下方的開口一起車合。

⧘車縫褲管

1.5cm

31 將褲管反折至完成線,並距離1.5cm壓暗線。

32 依折燙線整好褲管,再將褲管正面的反折量先向下折,車縫內折線一圈固定。

26 取前褲身片與後褲身片正面相對,對齊兩脇邊並車縫。

27 將兩脇邊縫份燙開。

28 前、後褲身股下線對齊車合。

29 將股下線縫份燙開,褲管再依折線翻折好。

46 腰環往上推，環內沿邊車縫固定。

42 修剪兩端縫份，翻正時角度較漂亮。

38 並剪成9cm一段，共7段備用。

47 在腰帶腰頭處左邊車縫釦洞，右邊的相對位置縫上釦子。

43 腰帶翻回正面，縫份倒向上方，腰帶另一邊縫份內折好，沿邊壓線一圈。

39 將腰帶布（正面）未折燙縫份那邊與褲子腰圍處（裡面）對齊，褲子正面依紙型記號位置夾入腰環布，一起車合固定。
※腰帶與褲子腰圍處對齊時，腰帶兩端要突出1cm縫份。

48 在褲管兩邊接線壓線一段固定，使反摺處不會往下掉。

44 並在腰環於腰下1cm處壓線固定。

40 再將腰帶布正面相對對折，車合兩端。

49 整理好褲型即完成。

45 腰環另一邊往上折，距邊0.5cm，再車縫0.5cm固定。

41 腰帶兩端下方的縫份再往上折車縫固定。

How To Make

輕盈機能男短褲

使用日本機能布輕盈的特性，穿著起來舒適無負擔，褲身共六個口袋的設計，輕便外出可不需要背包。

口袋的設計讓外觀上更特別，實用度也大加分，不論是學生還是上班族都不可或缺的機能短褲。

製作示範／何旻樺　編輯／Forig　成品攝影／詹建華
完成尺寸／Size：L／model：Jason（身高：178cm）
難易度／

尺寸表：（單位CM）

尺寸	腰圍	臀圍	褲襠長	褲長	鬆緊帶
M	76	99	69	55	72
L	81	101	70	59	75

Materials

用布量：
110cm（幅寬）6尺。

裁布：

前褲片	紙型	2
後褲片	紙型	2
褲頭布	紙型	1
脇邊口袋布	紙型	2
側口袋立體邊	紙型	2
立體側口袋	紙型	2
後口袋	紙型	2
袋蓋	紙型	8 （4片燙薄布襯）
立體側口袋貼邊	紙型	2

※以上紙型未含縫份，縫份留法請依照紙型上的標示。

其它配件：釦子4顆、寬3cm鬆緊帶。

※依指定位置拷克。

前、後褲片。

立體側口袋、脇邊口袋布、後口袋、立體側口袋貼邊、側口袋立體邊。

Profile

min min 何旻樺

多情的台南人，縫衣服時會想著拼布，做拼布時又心繫刺繡。
15歲踏上服裝至今27年未對布料纖維變心過，反而更迷戀執著。

JLL（財）日本生涯學習協議會機縫指導師資
JLL（財）日本生涯學習協議會英國刺繡師資
2009日本橫濱拼布展作品入圍
台南市南關社區大學手作洋裁指導老師

FB搜尋：小夢家Hand made
IG搜尋：minmin_quiit

作品特色與重點：
口袋、立體口袋、口袋蓋、鬆緊帶。

（未折燙）

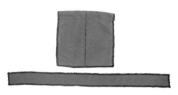

（已折燙）

9 將口袋三邊縫份內折1cm整燙備用。取側口袋立體邊將四周縫份都內折1cm整燙。

10 取口袋與側口袋立體邊,三邊對齊固定好直接沿邊壓線0.2cm,共完成2組。

🧵製作袋蓋

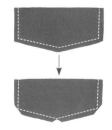

11 取袋蓋布一片有燙布襯、一片不燙襯,二片正面相對依圖示車縫,並修剪轉角縫份,共完成四組。

5 將口袋布折疊和脇邊對齊,於褲身上方和口袋布重疊疏縫,口袋布下方車縫。

🧵製作前褲身立體側口袋

（正）　　　　（反）

6 立體側口袋依紙型在正面記號處折燙,並沿邊壓裝飾線0.2cm,正面左右各一道,反面亦是相同作法。

7 口袋上方與貼邊布正面相對車縫。

（反）　　　　（正）

8 將貼邊布翻到背面,縫份內折後固定,翻回正面落針壓線。

🧵製作前褲身脇邊口袋

1 前褲片和脇邊口袋布正面相對車縫。

2 剪數個牙口,並翻回正面整燙。

3 縫份倒向口袋布壓線0.5cm固定。

4 再翻到褲身正面折好,沿邊壓裝飾線0.7cm。

☲ 組合前後褲身

19 前、後褲身正面相對，脇邊車縫。

16 依紙型記號將口袋固定在後褲身，沿邊壓線0.2cm和0.7cm二道裝飾線。

20 翻回正面，脇邊縫份倒向後褲身正面壓0.2 cm和0.7cm二道裝飾線。

17 再固定好袋蓋車縫1cm，並用剪刀修剪約0.5cm縫份。

21 依紙型記號畫出立體側口袋和袋蓋位置。立體側口袋對齊記號線後沿邊壓線0.2cm固定。

18 將袋蓋往下折，正面壓線0.7cm，在釦洞對應位置的口袋縫上釦子。

12 翻回正面後沿邊壓裝飾線0.5cm固定。

13 在袋蓋中心開釦洞。※依個人喜好做調整，壓釦亦可。

☲ 製作後褲身口袋

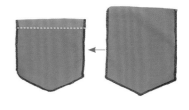

14 後口袋布於袋口處三折邊縫，先折燙0.5cm再折2.5cm後沿縫份邊壓線0.2cm固定。

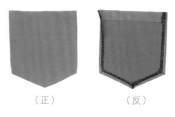

（正）　　　　（反）

15 口袋布其他四邊往內折1cm整燙。

30 將褲頭布對折往下蓋住接縫線，用珠針固定好。

31 上下沿邊壓線0.2cm。穿入鬆緊帶後重疊1.5cm接縫，並將接縫處塞進褲頭布裡。鬆緊帶依個人鬆緊喜好作調整，依腰圍拉緊量好後多3cm縫份。

32 將腰頭開口縫合，整理好褲型後即完成。

26 將前後褲襠對齊好接縫。

27 褲襠縫份倒向單邊，翻回正面壓線0.2 cm和0.7cm二道裝飾線。

製作褲頭

28 褲頭布長邊對折整燙，單邊縫份折燙0.8cm。再將褲頭布正面相對短邊接縫，折燙0.8cm那側預留一個2.5cm的開口，縫份燙開。

29 褲頭布和褲身固定後接縫，褲頭布接縫處需和褲身脇邊對齊。接縫的縫份朝上整燙。

22 取袋蓋固定好，車縫1cm，用剪刀修剪約0.5cm縫份。

23 將袋蓋往下折正面壓線0.7cm，並在釦洞對應位置的口袋縫上釦子。同作法完成另一邊褲身。

24 褲身正面相對，褲管內側對齊車縫，縫份整燙。※薄布料縫份可倒向前片、厚布料則打開。

25 褲襬處三折邊縫：先往內折燙0.5cm再折2.5cm後沿縫份邊壓線一圈0.2cm固定。

How To Make

68

孩童特企

小學生通學布雜貨

創作有造型的實用布雜貨，除了辨識度高外，
吸睛又有話題性，爲孩子準備開學的新行頭吧！

櫻花鉤吻鮭造型筆袋

以美麗的國寶魚櫻花鉤吻鮭為發想來創作造型筆袋，獨特的紋路運用貼布縫與繡線細緻的展現出來，加上童趣的表情更討喜可愛，拿出來使用時絕對吸睛百分百，讓人也想擁有一隻不同凡響的布製台灣國寶魚。

製作示範／雪小板　編輯／Forig　成品攝影／蕭維剛
完成尺寸／長25cm×最寬10cm　難易度／－－－

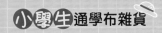
Materials 紙型D面

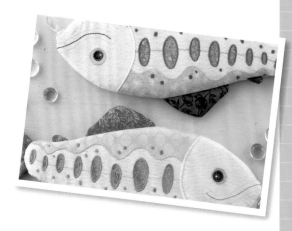

準備裁片：

備料：
依紙型準備各色布料、奇異襯、厚布襯、單膠綿。

其他配件：
10吋塑鋼拉鍊×1條。

準備裁片：

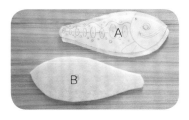

1. 準備紙型，用膠板或描圖紙，如圖示描下各部位紙型並裁開。

2. 紙型不加縫份，在單膠棉上描繪輪廓並剪下。
※畫另一側魚身時要將紙型翻面，畫出「對稱」的形狀，可標記為：A面、B面，接下來的步驟都要注意方向。

3. 紙型外加0.7cm縫份，畫在裡布背面後剪下，並燙上單膠棉。

4. 紙型魚頭跟身體沿線剪開，外加0.7cm縫份，畫在表布背面後剪下，並在正面描出斑紋、表情及魚鰭位置。

Profile

創意拼布作家 拼布資歷八年
日本餘暇文化振興會一級縫紉合格
喜愛天馬行空幻想，善於利用圖案及配色，營造溫馨歡樂的幸福感。
著有《艾蜜莉的花草時光布作集》合輯。

雪小板 近年也開始經營影音頻道，用更多元豐富的方式分享手作的樂趣。
Youtube頻道：雪小板的手作空間
https://reurl.cc/Mvm0IX
FB粉絲專頁：雪小板的手作空間
http://www.facebook.com/snowyhandmade

7 將相對應的2片正面相對，沿著布襯邊車縫，留0.7cm縫份那邊不車當返口；縫線外0.5cm剪下，並剪牙口後翻回正面。

8 將魚鰭與身體布邊對齊，如圖示車縫固定在記號位置上。尾鰭則需先剪牙口展開，才有辦法對齊布邊，若是覺得物件小不易車縫，也可手縫固定。

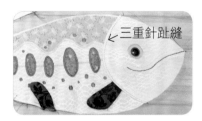

9 魚頭與身體連接處的縫份，利用紙型向內燙，再利用布用口紅膠跟身體黏固定，魚頭邊再用三重針趾縫壓裝飾線順便車縫固定。共完成兩面備用。

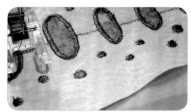

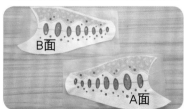

B面

A面

4 圓形斑點繡法，若是縫紉機有圓點花樣就可直接使用，如果沒有的，一樣可以選擇鋸齒花樣，針距調0.1，再依據圓點尺寸調整針幅將圓點填滿。

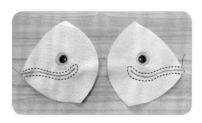

5 嘴巴選用三重針趾縫，照著記號線車縫；嘴唇輪廓則用一般直線縫即可。

▮▮▮ 製作魚鰭與身片

腹鰭　　　胸鰭

6 取紙型在厚布襯上畫上所有魚鰭，可不用分方向。胸鰭及腹鰭需要畫兩個。沿線剪下後，燙在選用的布背面（對折裁2片），與身體拼接的部分畫出0.7cm縫份。

▮▮▮ 製作貼布繡

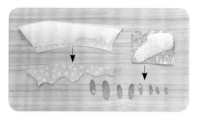

1 在奇異襯上描繪出眼睛、斑紋、色塊的輪廓，留一點白邊後剪下，燙在選用的配色布背面，再沿著輪廓線剪下完整形狀。

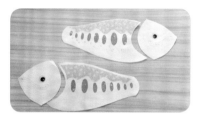

2 撕掉背紙，燙在對應位置上，開始進行密針縫貼布繡。

3 擇縫紉機的鋸齒花樣，調整適當的針幅及針距，沿著布邊車縫。參考數值：背上色塊：針幅3.5、針距0.3。側線：針幅2.0、針距0.5。橢圓斑點：針幅2.5、針距0.2。眼睛：針幅1.5、針距0.2。
※車縫時布料容易起皺，可在底部墊一層薄紙，全部繡完再撕掉即可。

→三重針趾縫

15 縫份燙開後，從返口翻回正面。

13 同作法完成A面。

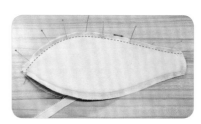

10 拉鍊頭尾可先向裡側折45度角固定，並修掉多餘布邊。拉鍊兩側布邊可剪0.3cm深的牙口，間隔約為1cm。

16 藏針縫縫合返口，將裡布塞回去整理好外觀即完成！

14 將表裡布上下分開，車縫外緣一圈，並留返口不車。

返口

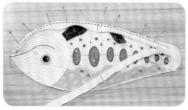

11 取魚身B面表布，如圖示與拉鍊正面相對車縫固定（離布邊0.5cm）。

12 再取裡布與表布正面相對車縫在完成線上。

Finish!

清涼鳳梨三件組

最能代表夏日的水果就是鳳梨，用鳳梨造型設計成小朋友每天都會帶到學校的便當袋、水壺袋和餐具套三件組，童趣又討喜的造型，能引起話題性與討論度，辨識度也非常高，是一組讓人有記憶點的作品。

製作示範／蔡佩汝　編輯／Forig　成品攝影／蕭維剛
完成尺寸／便當袋：寬20cm×高16cm×底寬12cm
　　　　　水壺袋：長25cm×底寬7cm
　　　　　餐具套：長28cm×寬28cm（攤開）
難易度／－－－

74

Materials 紙型B面

用布量（全）：

黃色素布（表布）1碼、綠色素布（葉子）1碼、淺黃色素布（裡布）1碼、咖啡色合成皮半碼、美國棉半碼。

裁布：

便當袋

黃色素布

| 表袋身 | 40×15cm（粗裁） | 2片＋美國棉 |

淺黃色素布

| 斜布條 | 3×600cm | |
| 裡袋身 | 36×25cm | 2片 |

咖啡色合成皮

| 表下袋身 | 36×14cm | 2片 |
| 裡袋身 | 如步驟20 | |

綠色素布

葉子布（大）	紙型	4~5片＋美國棉
葉子布（小）	紙型	4~5片＋美國棉
束口布	37×7cm	2片

其它配件：2.5cm寬織帶75cm長×1條、85cm棉繩×2條、緞染線、10.5mm塑膠四合扣×8組。

餐具套

綠色素布

| 表布 | 30×30cm | 1片 |
| 口袋 | 32×22cm | 1片 |

黃色素布

| 裡布 | 30×30cm | 1片 |

其它配件：1cm人字帶30cm長×2條、鳳梨刺繡貼圖×1個、緞染線。

水壺袋

黃色素布

| 表袋身 | 28×23cm（粗裁） | 1片＋美國棉 |

淺黃色素布

| 裡袋身 | 25.5×25cm | 1片 |
| 裡袋底 | 紙型 | 1片 |

咖啡色合成皮

| 表下袋身 | 25.5×7cm | 1片 |
| 袋底 | 紙型 | 1片 |

綠色素布

葉子布（大）	紙型	2~3片＋美國棉
葉子布（小）	紙型	2~3片＋美國棉
束口布	28×7cm	1片

其它配件：2.5cm寬織帶80cm長×1條、40cm棉繩×1條、束繩扣（豬鼻子）×1個、緞染線。

※以上紙型、數字尺寸皆已含0.7cm縫份。

 Profile

WaterBear

蔡佩汝

13歲有第一台縫紉機，開啟了縫紉世界，喜愛創作與手作。
在手作中找出樂趣，在創作中找出風格。曾擔任喜家縫紉館才藝老師，教學經驗6年。

網站：http://waterbear.com.tw/
FB搜尋：水貝兒縫紉手作

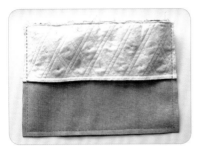

10 將表前後袋身正面相對，車縫三邊。

11 袋底車縫12cm打角。

12 翻回正面，袋口擺放上葉子，葉子與葉子間相隔約2~3cm（大小片交錯），並車縫0.5cm固定。

13 取束口布左右分別折0.5cm三折，車縫0.3cm固定。

14 將束口布對折車縫於袋口0.5cm固定。

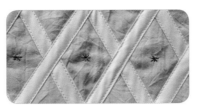

5 車好斜布條後，在菱格中心點使用緞染線車縫或手縫米字圖案。

6 共完成前、後表袋身。

7 表袋身裁剪成36×13cm，並與合成皮表下袋身正面相對車縫。

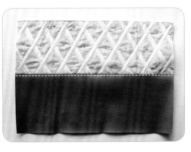

8 翻回正面，將縫份倒向皮革布，車縫0.5cm裝飾線。完成前後袋身。

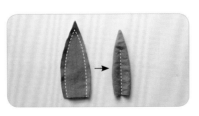

9 製作葉子：取2片（大）加1片美國棉車縫0.7cm，並翻回正面在葉子中心壓線。同作法完成所有葉子布片備用。

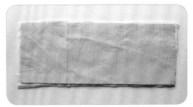

1 取表袋身後面鋪美國棉。

2 取斜布條折三折燙平。

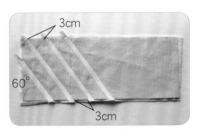

3cm
60°
3cm

3 將斜布條依圖標示間距擺放，並車縫左右邊於表袋身上固定。

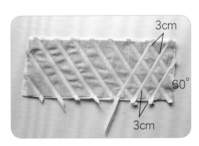

3cm
60°
3cm

4 另一方向相同作法車縫斜布條，形成菱格紋。

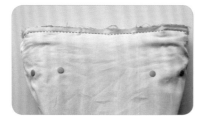

24 表袋身與裡袋身正面相對套合，袋口處對齊車縫0.7cm一圈。

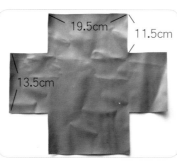

20 如圖標示尺寸裁剪裡袋身合成皮。

19.5cm
11.5cm
13.5cm

15 取2片裡袋身正面相對，兩側車縫0.7cm固定。

25 由返口翻回正面，袋口邊緣車縫0.2cm壓線固定。取2條85cm棉繩交錯穿入束口布並打結，將返口藏針縫合。

21 四個角分別對齊折好車縫0.7cm固定。

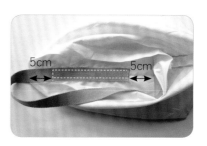

5cm 5cm

16 將75cm織帶中心對齊裡袋身正面側邊線，如圖標示位置擺放好並車縫ㄇ字型固定，完成兩側。

26 放入可拆內裡扣合好即完成。

22 將四個角的縫份攤開，袋口向內折2.5cm，車縫2cm固定。

返口

17 車縫袋底，並預留12cm返口不車。

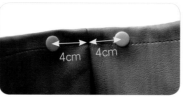

4cm 4cm

23 如圖標示位置裝上塑膠四合扣（一角2個凸釦），完成可拆式內裡。

18 裡袋底車縫12cm打角。

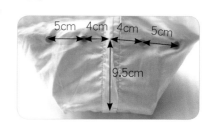

5cm 4cm 4cm 5cm
9.5cm

19 側邊如圖標示位置裝上10.5mm塑膠四合扣（一側邊4個凹扣）。

9 取葉子布，製作同便當袋（參考p.76步驟9）。將葉片擺放在表袋身正面袋口處，間距1.5~2cm，疏縫0.5cm固定。

10 取束口布，製作同便當袋（參考p.76步驟13）。並將束口布車縫於袋口0.7cm固定。

11 束口布對折，布邊內收1cm，沿邊0.2cm壓線一圈。

12 穿入40cm棉繩，並裝上束繩扣打結，完成水壺袋。

5 取表下袋身合成皮，對折車縫側邊0.7cm。

6 並將縫份攤開，與表袋身底部正面相對套合，車縫一圈。

7 表下袋身底部再與袋底對齊接合，車縫0.7cm固定。

8 取裡袋身對折車縫側邊後，底部再與裡袋底對齊車合。

How To Make

製作水壺袋

1 表袋身作法與便當袋表袋身作法相同（參考p.76步驟1～6）。

2 再將車縫完成的表袋身裁剪為25.5×20cm，四周疏縫固定。

3 表袋身對折，車縫側邊0.7cm。

5cm

4 將側邊縫份燙開，取織帶80cm中心對齊擺放，依圖示車縫ㄇ字型固定，同作法完成另一邊。

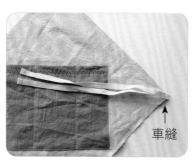

How To Make

製作餐具套

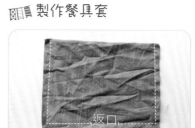

7 翻回正面壓線0.1cm一圈即完成。

5 取1cm織帶前端折三折車縫固定，另一端如圖示車縫於裡布。

車縫

返口

1 取口袋布長邊對折，車縫三邊，一邊留5cm返口。

8 餐具套收捲起來的樣子。

返口

6 表裡布正面相對車縫一圈，一邊預留5cm返口。

2 翻回正面燙平，對折邊壓縫1cm裝飾線。（可車縫花樣）

22cm

3 將口袋依位置車縫固定在裡布，並壓出分隔線。

4 取鳳梨刺繡貼布固定於表布4cm的位置。

小恐龍美術工具袋

可愛的小恐龍出沒，貼縫圖案增添童趣與豐富感，讓小朋友更加喜愛。前後透明口袋的設計，有點綴外觀的效果，物品也一目了然。內袋可拆式的置物袋，裝各類美術用具都沒問題，把需要的拆開放桌上使用，節省空間，實用滿分！

製作示範／布啾　編輯／Forig　成品攝影／蕭維剛　完成尺寸／寬32.5cm×高24cm（不含提把長度）
難易度／－－－－

80

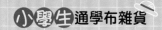
Materials 紙型C面

裁布：

表布

表裡袋身	52×35cm	各1片（厚布襯、鋪棉各1）
表用拉鍊布A、B	23×16.5cm	各1片
表用透明布（上）	23×3cm	1片
表用透明布（下）	23×12cm	1片
口袋透明布	35×20cm	1片
黑色不織布	紙型	圖案各1片（實版）
背帶布	52×8cm	2片

裡布

裡袋蓋布（大）	紙型	2片（需加1cm縫份）
裡袋蓋布（小）	紙型	4片（需加1cm縫份）
裡袋蓋夾布	12×5cm	6片
裡四合扣用布A	17×6cm	2片
裡四合扣用布B	12×6cm	4片
透明布（大）	30×42cm	1片
透明布（中）	24×34cm	1片
透明布（小）	24×22cm	1片

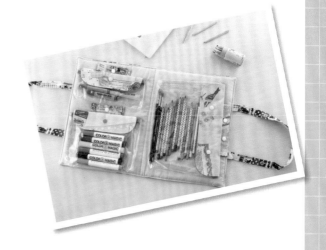

其它配件：

彈性包邊帶×5碼、塑膠四合扣×13組、23cm尼龍拉鍊×1條。

※以上紙型未含縫份，請外加1cm，數字尺寸已含縫份。

Profile

起步是喜歡縫紉的美術老師，也喜歡嘗試各式各樣的技法。
在布作中找到創作的成就感。

2012年開始創作布包，客製化布手作商品
2016年後，當了三年的全職媽媽

布啾　2019年，直到小孩去上幼兒園後，又回歸布作界
創作靈感取自於生活中，與育兒時的經驗，
喜歡製作可愛實用又特別的作品給大人與小孩使用。

臉書粉絲專頁：布啾手作
部落格：http://a77super.pixnet.net/blog

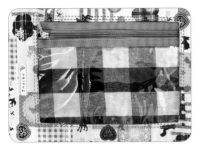

8 拉鍊透明布擺放在表袋身開洞處下方，對齊好車縫袋身內框線兩圈固定。

製作不織布貼布縫

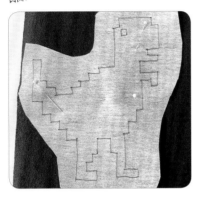

9 可用薄不織布描繪圖案，再用珠針固定在黑色不織布上。

10 小心的將圖案剪下，同作法完成其它圖案。

11 將剪好的圖案布依喜好位置沿邊車縫固定在表袋身正面。

4 將拉鍊透明布與拉鍊布B對齊，四周車縫一圈。

5 取表拉鍊布A如圖畫上18.5×13.5cm的框線，放置於表袋身（燙好厚布襯）正面相對，依框線車縫一圈。

6 車縫線內，留1cm縫份，並用剪刀裁剪一圈，四個角落要剪一刀牙口，小心不要剪到縫線。

7 拉鍊布翻至背面，用熨斗將四邊燙平。

How To Make

製作表開洞拉鍊口袋

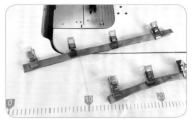

1 取彈性包邊帶對折夾車拉鍊透明布上、下片各一邊。

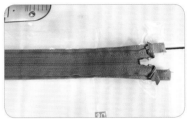

2 將拉鍊透明布上、下片包邊處對齊拉鍊邊車縫，拉鍊前端可往內翻摺固定。

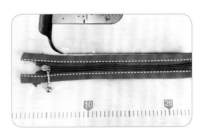

3 完成拉鍊兩邊的車縫。

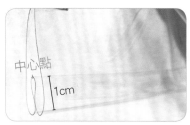

19 將透明布（中）由中心點對折，再反折1cm，兩邊用強力夾暫固定。

20 塑膠布兩側車縫0.7cm，上下需回針。※袋蓋夾在塑膠布中間。

21 將透明袋翻至正面，縫份朝裡面。袋口用包邊布包邊一圈，包邊收尾處需反折車縫。

製作裡置物袋

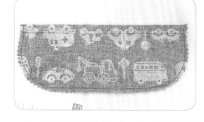

15 取裡袋蓋布（小）2片正面相對，車縫弧度邊，並用鋸齒剪修剪縫份。同作法完成大的1組，小的2組。

16 裡袋蓋夾布2片正面相對，車縫三邊，並修剪轉角處縫份。同作法完成3組。

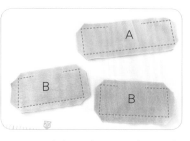

17 四合扣用布A取2片正面相對，車縫一圈留返口，並修剪四個轉角的縫份。同作法完成A的1組，B的2組。

中心點

18 全部翻回正面燙平後，取透明布（中）、袋蓋夾布、袋蓋布（小）依序由上往下疊放，置中對齊好車縫一道固定。

製作表前後袋身

四合扣位置

12 取包邊帶對折後夾車35×20cm口袋透明布上下兩邊。再放於表袋身正面標示位置，車縫ㄩ字型，並在中心打上四合扣。

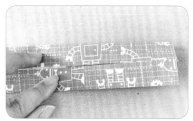

13 取背帶布兩邊往中心對折再對折，沿邊車縫固定裝飾線一圈。

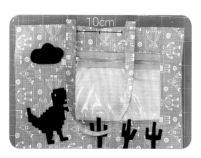

14 將2條背帶在表袋身袋口處中心往左右各5cm處擺放好車縫固定。

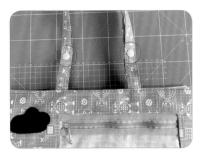

27 翻回正面，車縫裝飾線一圈。背帶安裝四合扣。

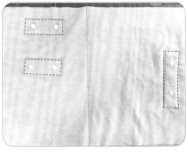

25 再將透明袋拿開，各別車縫一圈固定四合扣用布。

22 大中小透明袋蓋與透明袋中心對應位置裝上四合扣。袋蓋夾布與四合扣用布依圖示重疊，再用錐子刺出兩個洞。

28 完成多功能、好用又可替換的工具袋。

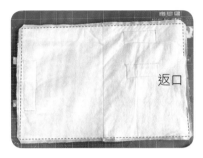

返口

26 表裡袋身正面相對，車縫一圈，預留10cm以上的返口，並修剪四個轉角處縫份。超出縫線的鋪棉需用剪刀小心修剪。

母扣

公扣

23 袋蓋夾布裝上四合扣公扣，四合扣用布裝母扣，使2片能扣合起來。其它置物袋同作法完成。

組合袋身

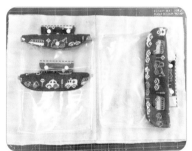

24 裡袋身放置於鋪棉上，可先車縫一道中心線做固定。將大中小透明置物袋擺放適當位置，可先車縫一道固定四合扣用布。

絕美清新蛋形包

包款與口金結合，創作出有特色的外貌，前方的打摺口金口袋，
讓視覺效果更加豐富，滾邊出芽使包款線條更立體，後方的口袋也具實用性。
選用代表春夏的花草布料，製作出清新迷人的蛋形包。

製作示範／鈕釦樹　編輯／Forig　成品攝影／蕭維剛
完成尺寸／寬26cm×高20cm×底寬6cm
難易度／❀❀❀❀

Materials 紙型 Ⓓ 面

裁布：

花色布

前口金口袋表布	紙型	1	燙厚布襯
後口袋表布	紙型	1	燙厚布襯

素帆布

前後表袋身	紙型	2	燙厚布襯
上口金袋身	紙型	1	燙厚布襯
拉鍊表口布	4×33cm	2	燙厚布襯
下側身	8×48cm	1	燙厚布襯
提帶布	4×36cm	2	
掛耳布	4×5cm	2	
出芽布	2.5×160cm	1	

裡布

前後裡袋身	紙型	2
前口金口袋裡布	紙型	1
上口金裡袋身	紙型	1
拉鍊裡口布	4×33cm	2
裡下側身	8×48cm	1
後口袋裡布	紙型	1
內口袋布	28×29cm	1
包邊布	4×160cm	1

※以上紙型需外加縫份0.7cm，數字尺寸已含縫份。

其他配件：20cm弧形口金×1個、1.5cm寬D型環×2個、30cm拉鍊×1條、2cm裝飾織帶×1碼、4cm寬包邊布條適量、皮革背帶×1組、塑膠軟管適量、鉚釘磁釦×1組。

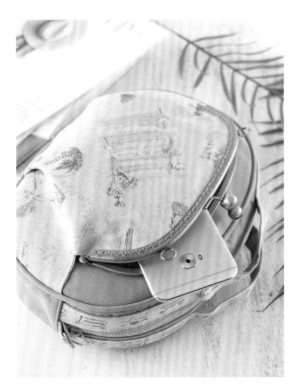

Profile

Amy Tung

原本任職高科技業，2004年買了第一台縫紉機後，就和手作結下不解之緣。2014年成立「鈕釦樹」手作教室，為喜歡手作的朋友們提供溫馨舒適的學習環境，舉辦多樣化手作課程教學及手作包訂製。

合集著作：《單雙肩後背包》

FB搜尋：鈕釦樹 Button Tree

HOW TO MAKE

9 翻回正面,沿上緣邊壓裝飾線。

5 翻回正面,在上緣壓線0.2cm固定。

● 製作表裡後袋身

將內口袋布正面相對對折,下方車縫0.7cm固定。

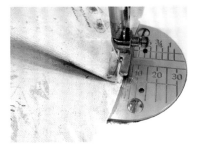

10 車縫固定表裡布下方的單摺(由內往外摺)。

6 將後口袋放置在後袋身上,如圖對齊車縫好,並沿後袋身兩側和底邊修剪掉多餘的口袋布。

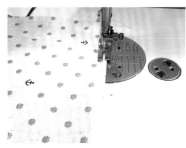

2 翻回正面,在上緣壓線0.2cm。

11 再疏縫表裡布下緣。

● 製作前口金口袋

7 取前口金表裡布正面相對,如圖車縫上緣。

3 將口袋布放置在裡後袋身,如圖對齊好車縫三邊,口袋中間車縫分隔線,並沿後袋身兩側邊修剪掉多餘的口袋布。

12 取上口金袋身表裡布正面相對,如圖車縫下緣處,弧度邊以鋸齒剪剪牙口。

8 在轉角處及圓弧處剪牙口。

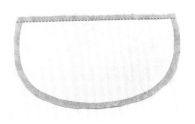

4 取後口袋表裡布正面相對,車縫上緣直線。

21 翻回正面,沿邊壓線0.2cm固定。同作法完成另一邊拉鍊的夾車。

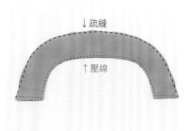

17 再將表前後袋身沿外圍車縫出芽滾邊一圈。

13 翻回正面,下緣沿邊壓線,上緣疏縫固定。

22 取提帶布兩側往中心線折燙。

18 在後口袋和後袋身中心相對應位置釘上鉚釘磁釦。

14 將完成的上口金與前口金布依前袋身表布的尺寸組合,車縫兩側約2.5cm固定。

23 再將2cm裝飾織帶對齊擺放上提帶布,兩側沿邊壓線固定。

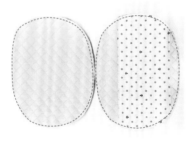

19 分別將前後袋身的表裡布背面相對,疏縫一圈固定。

15 在車縫一圈固定至前袋身表布。

24 完成的提帶距離拉鍊0.5cm擺放,如圖車縫提帶兩端10cm固定。

✿製作拉鍊口布與下側身

20 取表裡拉鍊口布夾車30cm拉鍊一邊。

✿製作袋身

16 取出芽布包夾塑膠軟管車縫固定。

29 取包邊布條將四周縫份包覆車縫固定，完成兩邊。

25 掛耳布同提帶作法車縫好，套入D型環車縫在拉鍊兩端。

30 取口金對齊口金口袋上方與上口金下方的弧度，將口金手縫固定。

26 取下側身表裡布夾車拉鍊口布短側邊。

31 完成。※也可扣上皮革背帶肩背使用。

27 翻回正面，縫份倒向下側身壓線固定。再將兩側長邊表裡布疏縫，完成外圍側身。

✿ 組合袋身與側身

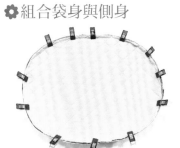

28 將前後袋身分別與側身正面相對，四周以強力夾對齊固定後車縫一圈。

個性隨行外出包

選用繽紛色彩揮灑的布樣，創作出率性灑脫的風格，若選用典雅的碎花布製作，包款就有文靜柔美的氣質。前面弧度拉鍊的口袋設計，讓整體更有特色。依喜愛的風格特製一款屬於自己的個性包款吧！

製作示範／黃碧燕　編輯／Forig　成品攝影／詹建華
完成尺寸／寬26cm×高20cm×底寬10cm
難易度／◆◆◆◆

Materials 紙型 D 面

用布量：表布（帆布）2尺、表布（花布）1尺、裡布3尺、厚布襯2尺、薄布襯2尺、輕挺襯1尺。

裁布：

表帆布	紙型A	2	1片燙厚襯、1片燙厚襯＋無縫份輕挺襯
內裡布	紙型A	2	2片燙薄襯
內夾層	紙型B	4	2片燙厚襯、2片燙薄襯
後口袋花布	紙型C	1	燙厚襯
後口袋內裡布	紙型C	1	燙薄襯
表袋蓋花布	紙型D	1	燙厚襯
表袋蓋內裡布	紙型D	1	燙薄襯
表帆布側底	紙型E	1	燙厚襯＋無縫份輕挺襯
內裡布側底	紙型E-1	1	燙厚襯
內裡布側底	紙型E-2	1	燙厚襯
表帆布	紙型F	1	燙厚襯
表花布	紙型G	1	燙厚襯
內裡布	紙型G	1	燙薄襯
背帶帆布	4×36cm	2	燙厚襯
背帶花布	4×36cm	2	燙薄襯

其他配件：3號金屬封尾拉鍊（夾層18cm×1條、外袋20cm×1條）、3cm寬斜布條67cm長×2條、棉繩67cm長×2條、側邊皮片×2個、袋蓋插扣×1組、皮背帶×1組、可開式銅圈×2個、鉤扣×2個、皮提把×1組（2條）。

※以上紙型、尺寸皆已含0.7cm縫份。

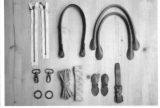

Profile

黃碧燕（Anna Huang）

喜歡手作，喜歡拍照，喜歡寫字。
喜歡好好生活。
喜歡自己喜歡的，所有一切。
粉絲頁：https://www.facebook.
　　　com/zakka.goodtimes/

✿製作表袋蓋

1 袋蓋表裡布正面相對，車縫U型，弧度剪牙口。

3 由返口翻回正面，整燙好後上方壓裝飾線。（會順便把返口一起車縫好）

4 將背帶頭尾處分別穿入可開式銅圈與背帶鉤扣。（同上步驟共需完成2條）

2 從上方開口翻回正面，整燙好，沿邊壓裝飾線備用。

4 將後口袋固定在表帆布袋身上，車縫2道線固定，完成備用。

5 皮背帶兩端套入可開式銅圈即完成。

✿製作夾層

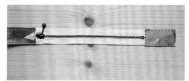

1 取18cm拉鍊頭尾端接上擋布，並裁成適當長度後正面壓線。

✿製作斜背帶

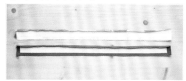

1 取斜背帶帆布和花布，一長邊內摺0.7cm整燙。

✿製作後貼式口袋

返口

1 取後口袋表裡布正面相對車縫袋口處，需留返口。

2 將2片正面相對，車縫另外三邊固定，並修剪轉角處縫份。

(反)

2 取夾層表裡布B夾車拉鍊，完成兩邊。

(正)

2 將表布和裡布對齊好，車縫U型固定。

3 翻回正面，縫份內摺好，沿邊壓線一圈。

🌸 製作前袋身與組合

1 取20cm拉鍊頭尾端接上擋布，並裁成適當長度後正面壓線。

2 取表花布G與拉鍊正面相對，沿弧度邊對齊車縫。

3 再取內裡布G與上步驟的表布正面相對車縫，形成夾車拉鍊的樣子。

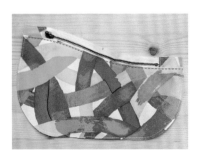

4 翻回正面整燙好，表花布邊緣與內裡布一起壓線裝飾固定。

7 完成夾層與側底布的組合。

🌸 製作內裡袋身

1 內裡袋身A依個人需求製作口袋。

2 內裡袋身A與E-1側底布另一邊，正面相對車縫完成。

3 同作法完成另一片內裡袋身與E-2側底布另一邊的車合。※注意需留返口才能翻面。

3 翻回正面，沿邊壓線。

4 將夾層布對折，車縫U型固定。

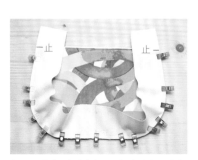

5 取內裡布側底E-1與夾層正面相對，由止點開始車縫至另一邊止點，注意兩邊止點需對齊。

6 另一片內裡布側底E-2同作法車縫夾層另一面。從頭車至尾，形成夾車夾層的樣子。

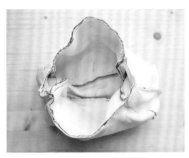

13 袋口處對齊好車縫一圈固定。

9 表袋身A後片袋口中間處車縫表袋蓋固定。

5 將拉鍊另一邊與表帆布F正面相對車縫，並下翻整燙好（此時袋緣先不壓線）。

14 由返口翻回正面，縫合返口後，袋口可壓線裝飾。

10 表袋身A前片與表帆布側底E，正面相對車縫。

6 再取表帆布A一起車縫一圈固定。

15 袋蓋和口袋對應位置縫上袋蓋插扣，再縫上提把與側邊皮片即完成。扣上背帶可斜背使用。

11 表帆布側底E另一邊與表袋身A後片同作法車合，並翻回正面。

7 表帆布F拉鍊處沿邊壓線。

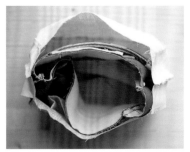

12 將完成的表袋身與夾層內裡正面相對套合。

8 將表袋身帆布A前後片車縫出芽。

打版進階 8
基本保齡球包款

解說文／凌婉芬　編輯／Forig　成品攝影／詹建華
示範尺寸／大：寬 30cm× 高 20cm× 底寬 13cm
　　　　　小：寬 15cm× 高 10cm× 底寬 5cm
難易度／◈◈◈◈◈

Profile

淩婉芬

原從事廣告行銷企劃工作，土木工程畢業。在一次因緣
際會下接觸拼布畫與拼布包，便一頭栽進布的世界裡。
由於包包創作實在太有趣，因此開始研究各種包款的版
型，進而創立一套比較有系統的版型規劃方式。目前從
事網路教學，舉凡包包製作、版型規畫、手工書、拼貼、
手工皮件等均為教學範圍。

著作：帶你輕鬆打版。快樂作包
　　　打版必學！同版雙包大解密

布同凡饗的手作花園
http://mia1208.pixnet.net/blog
email：joyce12088@gmail.com

一、說明：

本單元示範為以袋身為主要的打版方式，利用基本的圓角概念加上基本打版，設計出基本型的保
齡球包款，保齡球包為市面上常見常用包款；是一種寬袋底，平穩袋身的設計；我們可運用這樣
的概念再延伸出各種包款；本單元為基本包款解說。

包款的尺寸大小則可依照個人喜好的方式來設計；打版所需常見工具或常識，以及基本公式等，
請參照打版入門（一）～（十一）。

二、包款範例：

示範包款尺寸：寬30cm×高20cm×底寬13cm
◎尺寸算法可參照打版入門或設計成自己喜歡或需要的大小。
◎提把寬度與長度視個人使用習慣即可，沒有固定的算法。

三、繪製袋身版：

（1）根據已知的尺寸大小畫出袋身外框

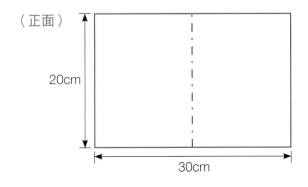

（正面）

20cm

30cm

（2）決定4個角的圓弧大小

①可4個圓角的尺寸都相同

②可上下圓角不同尺寸（上圓角一種尺寸，下圓角一種尺寸）

本範例選擇第②種設計方式，由於想讓底比較穩固，因此選擇下圓角的尺寸＜上圓角

範例尺寸如下：（圓角大小依照自己想要的大小即可）

A先制定下圓角，範例：R＝6cm

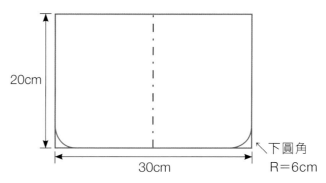

B制定上圓角，範例弧形線段＝18cm

本範例上圓弧弧度較大，因此圓規無法繪製，這邊可使用有刻度曲線尺來繪製即可

※如果使用電腦軟體則只需繪出長度18cm的圓弧即可。

※在制定較大弧度的曲線時，中間必須有一段平行線（平行線最小0.5cm，範例為1cm）。

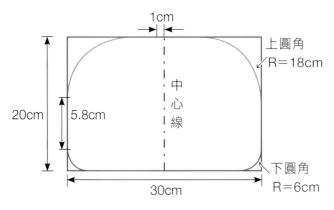

【説明】本範例制定上圓弧尺寸時，高
　　　　度的剩餘直線長度使用直尺丈
　　　　量出來為5.8cm。（如左圖）

袋身版型

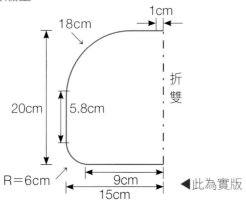

【説明】對稱版型可畫一半版型。

（3）計算袋身周長

【説明】本範例為以袋身為主的袋型，故而袋身一周的長度就等於側身的整個長度，

因此計算如下：（如果使用電腦軟體就直接讀出數據即可）

側身周長：（1＋18＋5.8＋9.4＋9）×2＝86.4cm（一整個周圍的長度）

> 側身的整個長度＝袋身周長

使用這個長度來分配袋底，側身以及拉鍊口布的尺寸

由袋身版作各區分配（如下圖）

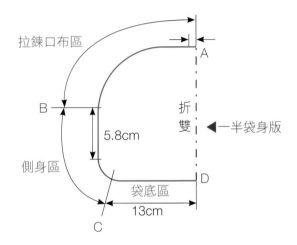

（4）制訂袋底

袋底尺寸

由範例已知袋底寬度13cm

上圖袋底區設定為13cm×2＝26cm（袋底總長度）

【説明】袋底的長度沒有一定的數據，可依照個人喜好或者習慣的尺寸來制定，範例包為26cm

袋底版型可直接以數字標示紀錄為13×26cm

袋底版型

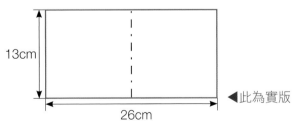

◀此為實版

※袋底為一矩形，所以可畫或不畫版均可。

（5）制定拉鍊口布

由上圖標示，A到B的距離＝1＋18＝19cm，19×2＝38cm

→拉鍊可使用38cm

已知袋底寬13cm，拉鍊口布寬度同樣可以使用13cm

不過如此一來，就會變成開口很大的包，如果範例是旅行

袋用途就無所謂，一般包款開口設計還是小於袋底會比較

美觀與好使用喔，因此範例口布的寬度設計為9cm

如下圖：

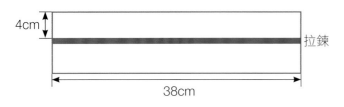

4cm

拉鍊

38cm

因此拉鍊口布尺寸→4×38cm

（6）制定側身

由版型尺寸分配圖扣除袋底與拉鍊口布尺寸

43.2－19－13＝11.2cm（側身總長度）

由於拉鍊口布總寬為9cm；而袋底總寬度為13cm

因此；側身就會是一個梯形側身

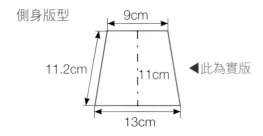

側身版型

9cm

11.2cm

11cm ◀此為實版

13cm

◎簡易畫法（不需計算）

A.直接將11.2cm當做高度直線段
　畫一個11.2×13cm的方框

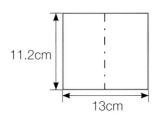

11.2cm

13cm

B.畫上面的9cm位置

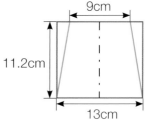

9cm

11.2cm

13cm

如此一來連接起來的斜線（綠色線）將會＞11.2cm

C.用直尺在綠線標出11.2cm的位置 　　　D.連結紅線與綠線交叉點（紫線），此為正確位置
　　（紅色線條位置）　　　　　　　　　　E.量出中間直線段距離會是11cm

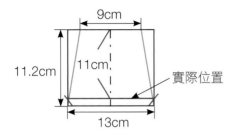

【説明】如果使用計算方式，則反著算即可
→斜邊是11.2cm，底為2cm
直線段則為 $\sqrt{(11.2^2 - 2^2)} = 11cm$
因此，可選擇自己方便好用的方式即可。

（7）其他部位的配飾

例如：提帶的設計，可直接使用現成提帶、織帶或自行製作，端看個人需求。
　　　兩袋身的底部裝飾，以及袋身上端暗袋同樣視個人需求設計即可。

（8）從頭再核算一次所有相關的數據→製作包包

變化版（側身與底相連接）

範例：15×10×5cm
這樣的側身＋袋底要怎麼設計呢？

四、問題。思考：

（1）側身版可以做怎樣的變化？
（2）袋身四個角的弧度如果反過來會怎樣？
（3）側身版如果想作袋底摺子，會有怎樣的改變？
（4）各部位配置的改變？
（5）袋身版的曲線弧度如果加摺子？會變成如何或是不可行呢？
（6）袋身版正前方作摺子會有怎樣的變化？

→開始動手畫版型囉！

紙型索引（A、B面）

【A面】

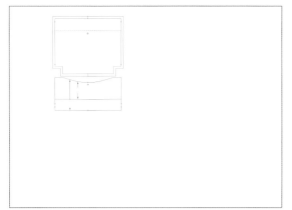

P04　完美防疫收納包（2張）

P07　柔美花草字母刺繡（4張）

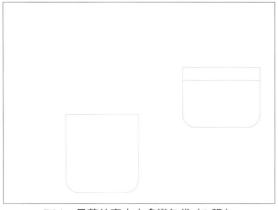

P24　日落的富士山多變包袋（2張）

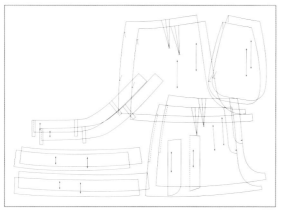

P46　質感打摺短褲裙（8張）

【B面】

P30　奇幻之旅變化包（5張）

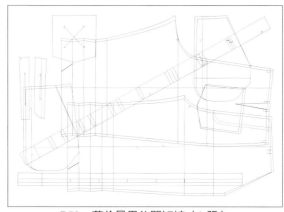

P58　英倫風男休閒短褲（9張）

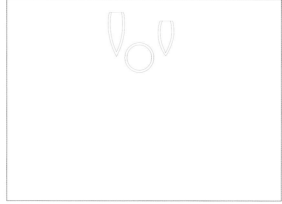

P74　清涼鳳梨三件組（3張）

【C面】　　　　　　　　　　　　　　　　　　　　　　　　　　　　　【D面】

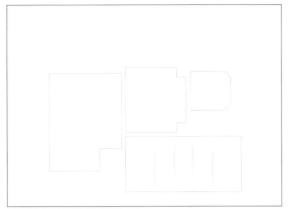

P38　簡約大方兩用水餃包（4張）

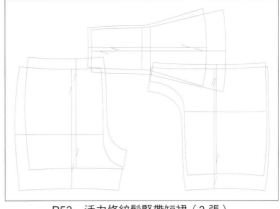

P53　活力條紋鬆緊帶短裙（3張）

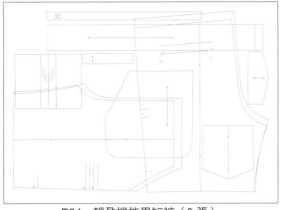

P64　輕盈機能男短褲（9張）

P70　櫻花鉤吻鮭造型筆袋（1張）

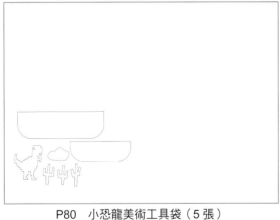

P80　小恐龍美術工具袋（5張）

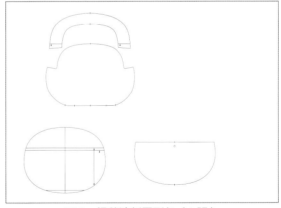

P85　絕美清新蛋形包（4張）

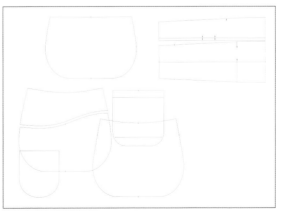

P90　個性隨行外出包（8張）

CottonLife 玩布生活 No.34

讀者問卷調查

Q1. 您覺得本期雜誌的整體感覺如何？　□很好　　□還可以　　□有待改進

Q2. 請問您喜歡本期封面的作品？　　□喜歡　　□不喜歡

原因：＿＿＿＿＿＿＿＿＿＿＿＿＿＿＿＿＿＿＿＿＿＿＿＿＿＿＿＿＿＿＿＿

Q3. 本期雜誌中您最喜歡的單元有哪些？

□防疫手作《完美防疫收納包》P.04

□春夏日刺繡《柔美花草字母刺繡》P.07

□羊毛氈創作《法式口袋小熊》P.14

□收納特輯「多功能兩用袋中袋」P.23

□服飾專題「夏日休閒下著」P.45

□孩童特企「小學生通學布雜貨」P.69

□輕量波奇包《絕美清新蛋形包》、《個性隨行外出包》P.85

□進階打版教學（八）「基本保齡球包款」P.95

Q4. 收納特輯「多功能兩用袋中袋」中，您最喜愛哪個作品？

原因：＿＿＿＿＿＿＿＿＿＿＿＿＿＿＿＿＿＿＿＿＿＿＿＿＿＿＿＿＿＿＿＿

Q5. 服飾專題「夏日休閒下著」中，您最喜愛哪個作品？

原因：＿＿＿＿＿＿＿＿＿＿＿＿＿＿＿＿＿＿＿＿＿＿＿＿＿＿＿＿＿＿＿＿

Q6. 孩童特企「小學生通學布雜貨」中，您最喜愛哪個作品？

原因：＿＿＿＿＿＿＿＿＿＿＿＿＿＿＿＿＿＿＿＿＿＿＿＿＿＿＿＿＿＿＿＿

Q7. 雜誌中您最喜歡的作品？不限單元，請填寫1-2款。

原因：＿＿＿＿＿＿＿＿＿＿＿＿＿＿＿＿＿＿＿＿＿＿＿＿＿＿＿＿＿＿＿＿

Q8. 整體作品的教學示範覺得如何？　□適中　　□簡單　　□太難

Q9. 請問您購買玩布生活雜誌是？　□第一次買　□每期必買　□偶爾才買

Q10. 您從何處購得本刊物？　□一般書店　　□超商　　□網路商店（博客來、金石堂、誠品、其他 ＿＿＿＿）

Q11. 是否有想要推薦（自薦）的老師或手作者？ ＿＿＿＿＿＿＿＿＿＿＿＿＿＿＿

姓名：＿＿＿＿＿＿＿　連絡電話（信箱）：＿＿＿＿＿＿＿

FB／部落格：＿＿＿＿＿＿＿

Q12. 感謝您購買玩布生活雜誌，請留下您對於我們未來內容的建議：

＿＿＿＿＿＿＿＿＿＿＿＿＿＿＿＿＿＿＿＿＿＿＿＿＿＿＿＿＿＿＿＿＿＿＿＿＿＿

＿＿＿＿＿＿＿＿＿＿＿＿＿＿＿＿＿＿＿＿＿＿＿＿＿＿＿＿＿＿＿＿＿＿＿＿＿＿

＿＿＿＿＿＿＿＿＿＿＿＿＿＿＿＿＿＿＿＿＿＿＿＿＿＿＿＿＿＿＿＿＿＿＿＿＿＿

姓名／	性別／□女　□男	年齡／　　歲
出生日期／　　月　　日	職業／□家管　□上班族	□學生　□其他
手作經歷／□半年以內　□一年以內　□三年以內　□三年以上　□無		
聯繫電話／（H）　　　　　（O）　　　　　（手機）		
通訊地址／郵遞區號 □□□□□		
E-Mail／	部落格／	

讀者回函抽好禮

活動辦法：請於2020年9月21日前將問卷回收（影印無效）填寫寄回本社，就有機會獲得以下超值好禮。獲獎名單將於官方FB粉絲團（http://www.facebook. ）公佈，贈品將於10月中前統一寄出。

※本活動只適用於台灣、澎湖、金門、馬祖地區。

U0030973

小野美紀印花布
（2尺）隨機
3名

18cm方形、15cm半圓
支架口金
（1組）隨機
2名

13cm方形、12cm半圓
支架口金
（1組）隨機
2名

請貼8元郵票

Cotton Life 玩布生活

飛天手作興業有限公司 編輯部

235新北市中和區中正路872號6樓之2
讀者服務電話：(02)2222-2260

黏 貼 處

FUJIX 富士克 Pice貼布縫線200m
（2入）隨機
2名

德國 Madeira 萬用車線400m
（2入）隨機
5名

3.2cm寬提把織帶
（3碼）隨機
2名